大是文化

累積銷量突破186萬冊的最強圖解——「翻翻就會」系列

翻翻就會的管理學

新人頻出錯、老鳥叫不動，你需要最強交辦技術。

四度榮獲日本最大人資企業瑞可利頂尖經理人獎
伊庭正康◎監修　羅淑慧◎譯

最短で目標達成できる最強のマネジメント術
任せるリーダーシップ見るだけノート

目錄

CONTENTS

第3章 這樣激勵，馬上有績效

第4章 怎麼說，部屬愛聽？怎麼問，部屬想說？

第6章 主管天天都在做的目標管理

第7章 領導力與風險管理 317

推薦序一

第一次當主管必備的圖解管理實戰工具書

創新管理實戰研究中心執行長／劉恭甫

我在超過三百家大型企業進行「創新工作坊」（按：為本文作者開授的課程，以「設計思考」為基礎，加上超過五萬位中高階主管學員的學習實踐經驗，提煉出的「創新思維」方法）以及創新專案輔導時，經常與許多優秀的主管交流，我發現所有主管最煩惱的問題，就是帶人。而且每位主管一開始的想法，都是「終於當上主管，可是我不知道怎麼帶人……」，分派工作給他人更是煩惱中的煩惱。

當我讀了這本書之後，感到非常開心，我認為這是每個第一次當主管的人必備的管理實戰工具書。書中最重要的核心觀念「交辦工作」，可以幫新手主管有效率的分派工作，進而解決煩惱。

作者將交辦工作分成八個重要元素，讓讀者從第一章開始依序掌握重點，以下是我讀完書後，提煉出八個必讀重點，能讓讀者快速了解本書：

第一章：學會交辦技術，其中「樹狀式提問」、「達標趨勢圖」可以立即運用。

第二章：了解部屬的需求，其中「我個性內向，怎麼管人？」、「主管『不』能忘的使命」、「閒聊怎麼聊，部屬才想聊？」都非常適合臺灣的職場文化。

第三章：重點是主管要懂得激勵部屬，讓他們獨立自主，其中「激勵的誘因與動因」、「有趣，會讓人全力以赴」以及「用SMART法則定目標」，可以有效提高部屬動機與目標。

第四章：學會與部屬溝通，其中「下指令，要簡單到國中生都懂」、「給新人下完指令，他要複誦」、「給建議不如多反問」能馬上運用。

第五章：幫助主管打造強大的團隊，讓每個團隊成員朝相同目標前進，其中「業績無法提升時，檢查平衡計分卡」、「二六二法則，順利推動組織改革」、「講重點，主管和部屬都要學」，可以讓團隊合作更順暢。

第六章：想在有限時間內提高成果，重要的是避免浪費，其中「目標管理第一步，從截止日逆推進度」、「手中隨時要有備案」、「有新方案，先做小實驗」，可以有效提高團隊效率。

第七章：主管必須了解如何預防風險，其中「悲觀的計畫，樂觀的行動」、「『第一報』決定突發事件的命運」、「不管教多少次，依然重複犯錯？」可以有效預防問題。

第八章：目的是學會如何堅持，其中「多與工作環境不同的人交流」、「短時間吸收他人經驗的最快方法」、「對上有壓力，對下沒退路，怎麼辦？」，則是主管必經之路。

八個章節串連起完整的交辦技術，讓每位新手主管與資深主管都能因本書活用管理知識，讓你迅速掌握重點，並快速運用到職場上。

《翻翻就會的管理學》以淺顯易懂的圖解案例與說明，讀完後，我相信你一定會發現，自己比之前更能順利領導團隊，有效解決團隊問題。我誠摯推薦這本非常值得細細閱讀的管理學實用入門書，給所有職場人士及主管們，如果想成為優秀的主管，這本書會是你的必備寶典！

推薦序二

把公司做長、做久，重點在帶人

Willy 執行長、YouTuber「我是 Willy_ 創業的陪跑者」

經營一間企業，領導團隊幾乎是最重要的工作。

臺灣的創業風氣非常盛行，卻有著極高的失敗率，除了產品及商業模式外，很大的原因是出在帶領團隊上。

因為無法好好帶人，讓老闆「校長兼撞鐘」，創業感覺只是花錢買一份工作，再把自己綁住。

我從只有三、四人的團隊，逐步做到擁有三、四百人的企業，所以對書中的內容更有共鳴。

光是書中第一章節，「基本功很熟的部屬，才能被委任」，我就摸索了好幾年。前期，我努力做事讓公司活下來；中期努力做人，把公司做大；接下來努力的做局，把公司做長、做久。

做事不難理解，而做人、做局最難。

該如何聆聽、表達、溝通，甚至針對不同類型的員工，該如何指派任務，本書針對帶人課題，內容梳理得非常完整，再搭配圖文講解，讓人更容易帶入自己的實際經驗。

這絕對是所有主管、老闆、企業家，值得珍藏的一本書。

前言

當主管必學——最強交辦技術

自古羅馬時代開始，領導力一直是主管的必備素養。而在現代，主管須具備的要素、該做的工作、必備的資質涵養也不斷的增加，換句話說，現在的職場環境，主管很難單靠自己獨撐大局。

因此，交辦——主管把手上的工作委派給部屬處理，或以團隊的形式合力執行的做事方法，便逐漸受到矚目。

對有些主管來說，把自己該做的事分派出去，剛開始或許會感到很不安，但若能和接

收指令的部屬建立牢固的信賴關係，不僅能減輕工作負擔，還能促進部屬成長。「明明是自己該做的事，怎麼可以丟給別人！」主管不須因此內疚。因為對部屬來說，主管的信任和獲得成長全是無可取代的無價之寶。

不過，交辦還是需要一點訣竅。該分配什麼樣的工作？該怎麼和部屬溝通？該如何處理萬一事情搞砸主管得善後的風險？

其實**分派工作給他人是十分困難的差事。尤其對第一次擔任主管的人來說，更是難上加難**，因此本書將完整圖解交辦工作所需的知識與方法。

當你懂得如何下指令後，目前面臨的問題便能迎刃而解，更能打造出前所未有的最佳團隊。本書若能助你一臂之力，將是我最大的榮幸。

序幕①

新人頻出錯、老鳥叫不動，現代主管有 6 大煩惱

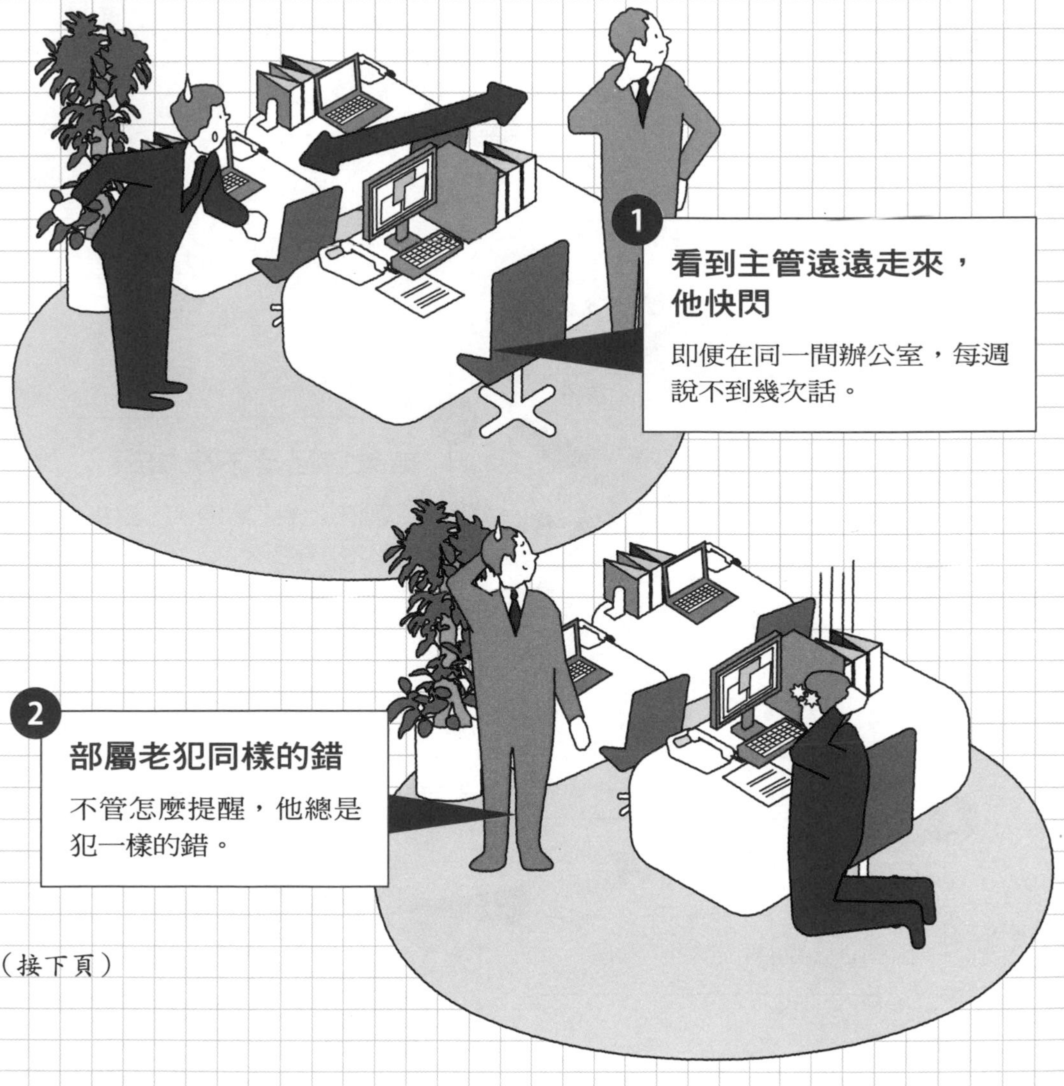

1 看到主管遠遠走來，他快閃

即便在同一間辦公室，每週說不到幾次話。

2 部屬老犯同樣的錯

不管怎麼提醒，他總是犯一樣的錯。

（接下頁）

3 資深員工不聽命令

老鳥叫不動，或是擅自行動。

4 開會時，臺下一片靜默

「大家有問題嗎？」
「……。」

5 結果自己留下來加班

不敢把工作交給別人，認為自己來比較快。

6 一上任，同事就離職

好幾個人在自己就任不久後退出團隊，選擇調部門或離職。

序幕②

最強交辦技術，猴子不再爬回你背上

1
交辦後，他成長，你不累
讓部屬明白交辦的用意，就能產生責任感。
2
我很內向，不敢開口要求
不擅長與人溝通、容易緊張……主管和部屬相處，不是看個性，而是彼此信賴。

（接下頁）

COMPANY
3
更多時間規畫未來
把工作分派出去後，主管才有更多精力投入創新。
4
無須緊迫盯人
部屬會自己把工作做好。
5
不再被時間追著跑
越來越能掌握工作進度、不拖延。
6
打造最強團隊
所有人都了解團隊的使命及工作的意義，每個成員互相尊重、一起成長。

序幕③

如何閱讀本書

本書將交辦的重點分成 8 個項目。
請從第 1 章開始依序掌握。

第1章

交辦技術

為了把工作指派給部屬，主管得先改變觀念。

第2章

好主管的形象

現代職場中，部屬的需求是什麼。

第3章

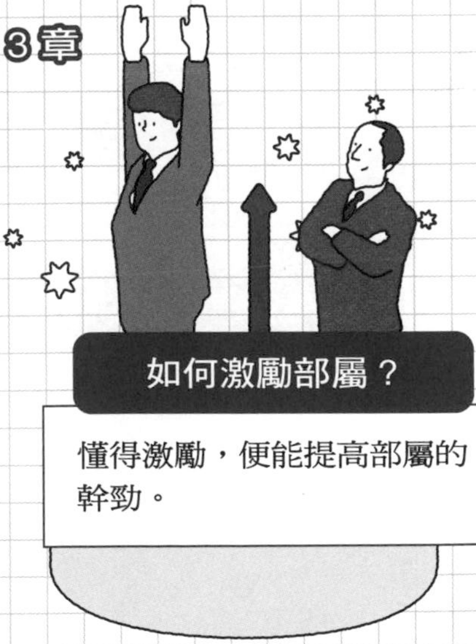

如何激勵部屬？

懂得激勵，便能提高部屬的幹勁。

（接下頁）

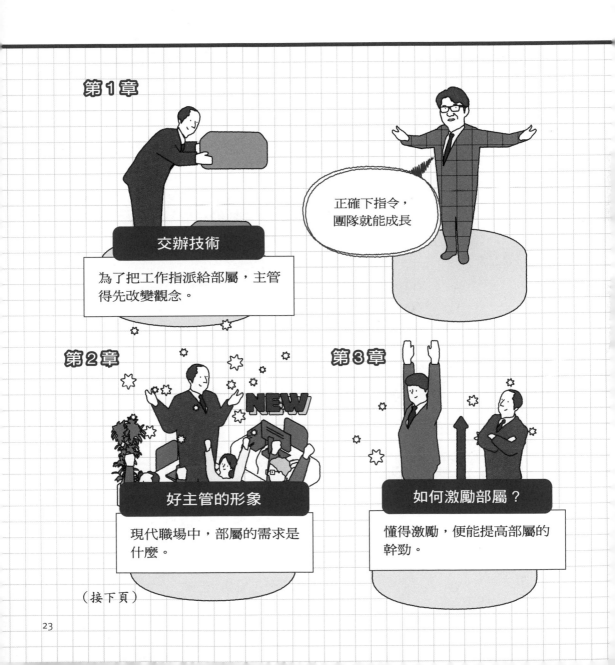

第4章

怎麼說，部屬會聽？

交辦，絕對少不了溝通。

第5章

高效團隊合作

只要成員朝相同的目標邁進，組織就能變強大。

第6章

目標管理

想在有限時間內獲得成果，最重要的是設定目標。

第7章

風險管理，預防問題

萬一部屬把工作搞砸，你要怎麼預防或善後？

第8章

獻給過度努力的主管

要做很多事，天天都想辭職。本章會告訴主管如何堅持下去。

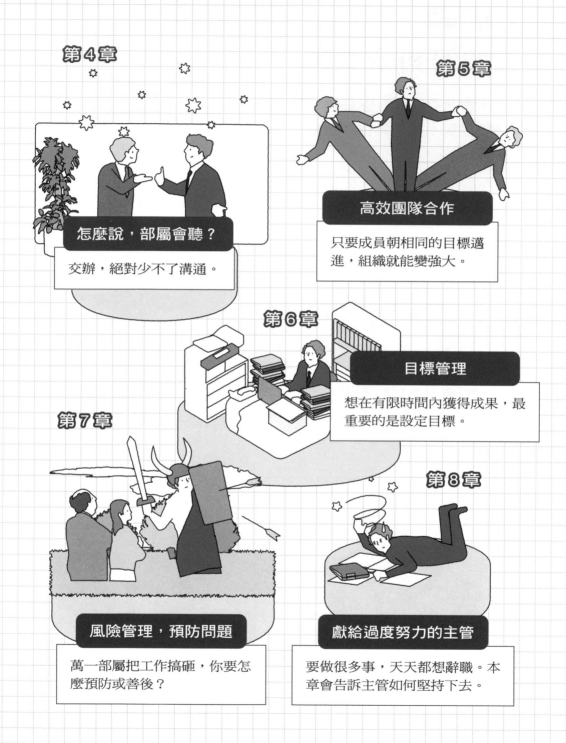

GOAL

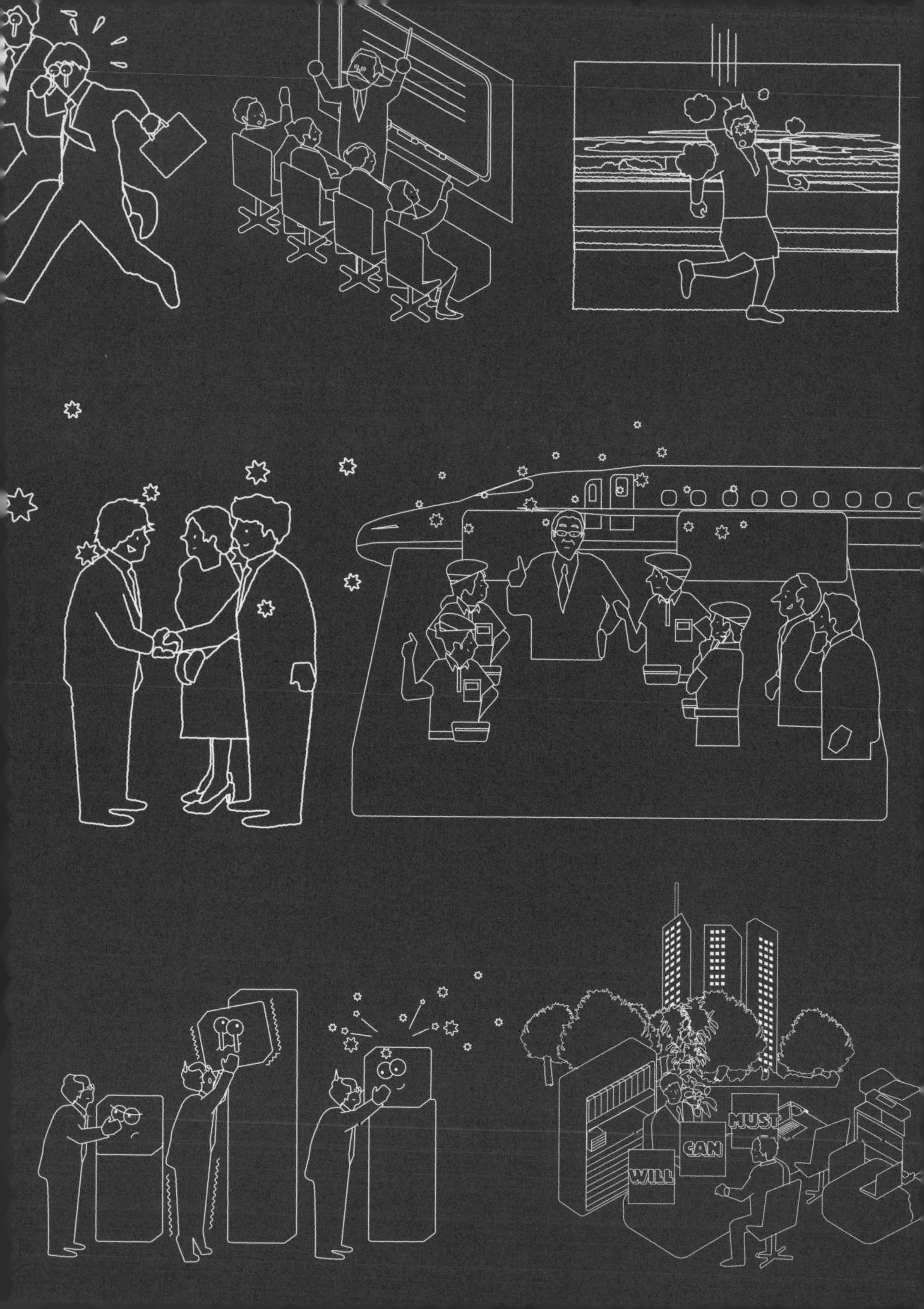
MUST
CAN
WILL

交辦，不是讓部屬隨心所欲的亂做

光是下指令，部屬不會成長。唯有明確告知希望對方學會什麼、該怎麼做，才能幫助他提升實力、發揮所長。

01

方向，由上而下；方法，由下而上

關鍵字 ↓ ☑ 由上而下、由下而上

即便把工作分配出去，主管絕不能對部屬說：「你想怎麼做，就怎麼做。」

決策的流程分成兩種：由上而下（Top-Down）、由下而上（Bottom-Up）。前者就是所謂的上情下達，現場人員根據高層所下達的決策來行動。而後者則是下情上達，也就是高層聽取現場人員的建議後，再做出決策（見左頁圖）。

由上而下是獨裁的，由下而上則較民主，不過，職場並沒有那麼單純。

舉例來說，有很多主管因為重視員工的自主權，讓部屬用自己的方式做事，可是，這

管理現場的上情下達

讓員工提出做法

關於這個專案，
你們打算怎麼做？
我的建議是……
您覺得怎麼樣？

高層聽取現場人員的意見，做出決策。

由主管決定方向

請大家照著這個
決策進行。
了解！

現場人員根據高層的決策採取行動。

主管擬方針，部屬想方法

JR 東日本 Techno-heart TESSEI，是一間承攬日本新幹線車廂清潔的公司，舊名稱為「鐵道整體公司」。該公司擁有的優異清潔技術，以「7 分鐘的奇蹟」、「新幹線劇場」引起討論話題。

前國鐵職員矢部輝夫於 2005 年就任 TESSEI 董事。他提出「先由主管提出政策，再由部屬決定做法」，便是上情下達的成功範例。

海外評價

連哈佛商學院也拿該公司的案例當教材。

樣會讓責任歸屬變得曖昧。或許主管一開始只是為了交辦工作，但如果出問題，有些主管不想承擔責任，就會甩鍋到部屬身上。

也就是說，要成為一名優秀的主管，就必須學會靈活運用兩種決策（見右頁圖）。

02 基本功很熟的部屬，才能被委任

關鍵字 ↓ ☑ 靈活運用教導、輔導、委任

每個部屬的技能（技術的熟練度）和成就動機都不同，交辦工作也要依其程度而改變。

如果問基本功還未熟練的新人「接下來打算怎麼做」，他可能答不出來，因此倍感壓力。反之，如果主管對基本功已經很熟練的資深員工下達過於詳細的指示，他們反而覺得很囉唆，且自尊心受到打擊（見左頁圖）。

也就是說，委派前必須先**觀察部屬的技能熟練度和成就動機，以調整交辦方式**。

這時，可依照部屬的熟練度分類出三種交辦方法（見三十四頁圖）。

交辦，也得因材施教

新人

主管突然拋出問題，會讓新人很有壓力。

資深員工

對資歷豐富的員工做太過詳細的說明，反而會傷及自尊心。

根據部屬熟練度，決定該教導、輔導、委派

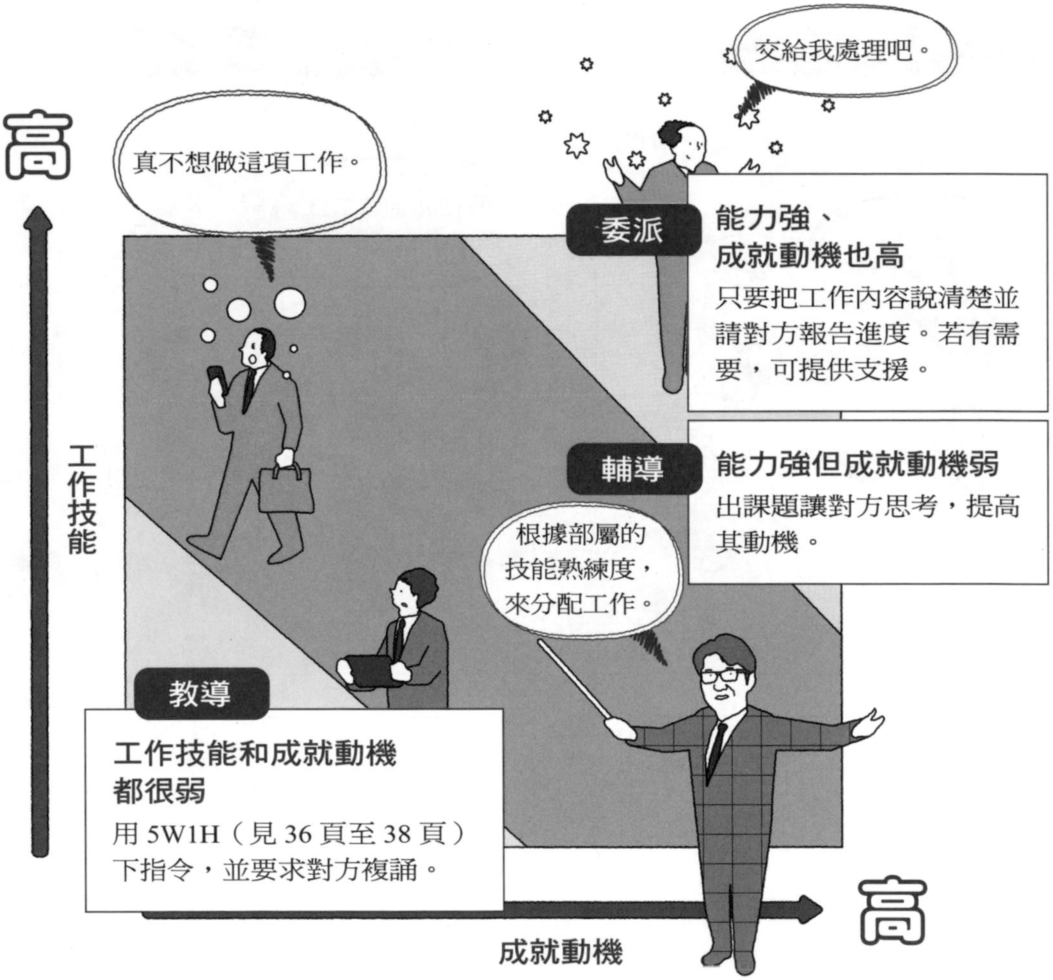

可委派工作給成就動機和技能都很高的員工——自己只需從旁輔助（管理資深員工的詳細方法，見一六三頁至一六六頁）。面對動機不足的部屬時，可透過問題引導其思考，也就是輔導。至於經驗不足的新人則要教導，也就是給出具體的指示，讓對方按照你的指令行動。

03

新人得接受一對一指導

……先從低風險的工作開始，讓新人慢慢累積經驗值。

關鍵字
挑戰

新人的成長取決於前三年，而成長速度取決於那段期間的經驗累積。

儘管如此，若主管隨意且毫無計畫的交辦工作，可能會擊潰對方的信心。所以你得細心引導，讓他踏實的完成該做的事。具體做法，可參考左頁圖、三十八頁圖。

分配工作給新人時，要用5W1H給明確指示

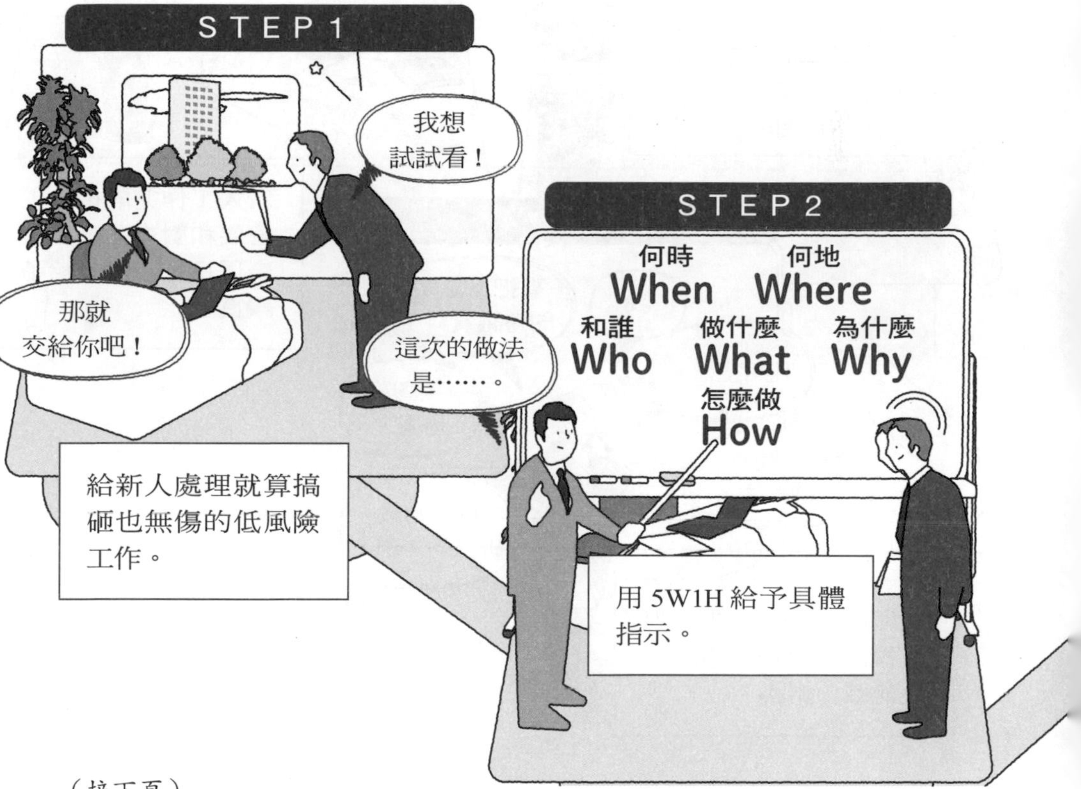
STEP 1
我想
試試看！
那就
交給你吧！
這次的做法
是……。
給新人處理就算搞砸也無傷的低風險工作。
STEP 2
何時
When
何地
Where
和誰
Who
做什麼
What
為什麼
Why
怎麼做
How
用 5W1H 給予具體指示。

（接下頁）

STEP 3
還有哪裡不懂的嗎？
其實……。
主管交代完該做的事後，要請他提出疑問。
STEP 4
我
要把下星期的會議資料，
利用空檔，
彙整成檔案，
在星期五下班之前，
把它當成研修的一環。
在開始作業前，先讓對方複誦「該做的事」，就能減少錯誤。
STEP 5
你報告很詳細！謝謝。
順利完成了！
新人工作完成後，主管要和對方面談。若表現良好，務必給予讚賞。

04 委派工作後，主管要持續跟進

……為了讓部屬成長，主管要讓他們願意接受挑戰。

關鍵字↓
☑熟練度

培育部屬等於投資未來。也就是說，主管的主要任務是積極委派工作，讓部屬累積更多經驗，當然，分配時要考量失敗的可能性，因此，你要先釐清希望部屬透過那份經驗能學到什麼。

主管不可以隨意以自己的立場，來斷定哪些工作無法累積經驗，而是**站在部屬的立場說明，讓他願意接受挑戰**（見下頁圖）。

在不斷累積經驗的過程中，自然能慢慢培養出部屬的責任感。

委派工作後，要持續跟進

重點 1
這項工作
難度有點高，
該交給他處理嗎？
這是讓部屬成長的最快方法。
重點 2
沒問題！
你可以嗎？
先試探部屬的決心，然後慢慢引導他接受挑戰。
重點 3
請多指教。
一起討論吧！
接下來，
你們一起做。
有問題
儘管問我。
工作委派後，應持續跟進。
❶面對不得要領的部屬，就從基本工作開始教。
❷找資深員工從旁輔助。

依照部屬的類型，給予不同任務

下一任的儲備主管
把工作交給他……。
想栽培某部屬當主管，可把部分管理工作交給對方。
願意接受挑戰的部屬
好！包在我身上！
把難度不高的工作交給他，成功後他會更有自信。
該用哪種方法比較好呢？
愛擅作主張的部屬
讓愛擅作主張的部屬負責帶新人，如果沒把新人教好，就讓他反省並找出原因。

交辦的關鍵，在於自己是否能確實掌握部屬的能力（見上頁圖）。如果誤判對方的熟練度，很可能會打擊對方。面對能力成熟的員工，則要讓他們學會獨立思考。

不要以為分配好工作，就沒自己的事了，如果部屬表示需要幫助時，主管還是得從旁輔導。

05 樹狀式提問，問出部屬心裡話

關鍵字↓ ☑樹狀式提問

把部屬說的話整理成樹狀圖，再依此溝通。這麼一來，就能化解對方心中的疑慮。

當部屬有事找主管商量時，主管若能馬上給答案是最理想的。然而，許多部屬連自己想要什麼都說不清楚，主管很難給予幫助。這時，最有效的做法就是樹狀式提問——把談話內容整理成樹狀圖，再依此向部屬確認（見下頁圖、四十五頁圖）。

如果現場沒有白板等道具，也可以拿白紙，用樹狀圖記錄部屬的話，然後列出問題，藉由排列順位，篩選出各個問題的重要程度。

找出問題後，要進一步詢問，就算對方的答案讓你有疑問或想反駁，也要忍住，堅守

利用樹狀式提問幫助部屬整理疑慮

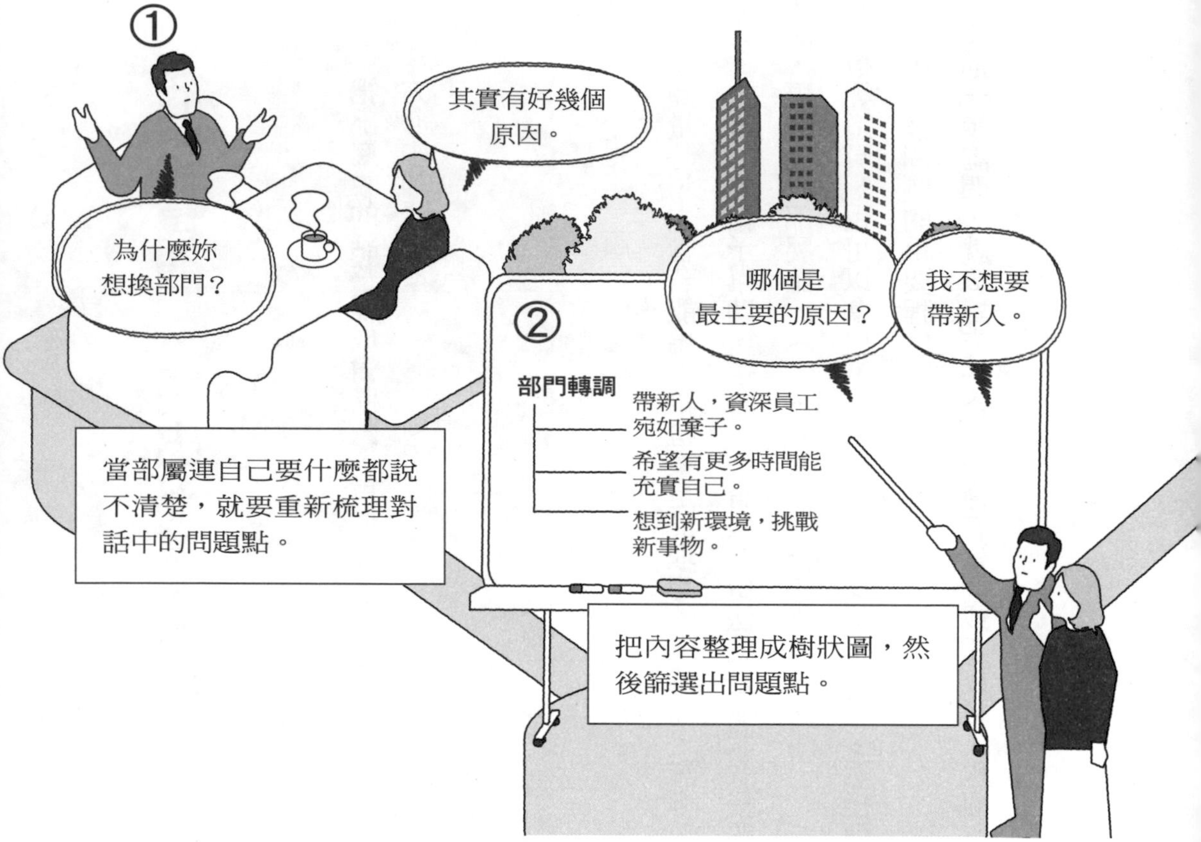
①
為什麼妳
想換部門？
其實有好幾個
原因。
當部屬連自己要什麼都說不清楚，就要重新梳理對話中的問題點。
②
哪個是
最主要的原因？
我不想要
帶新人。
部門轉調
帶新人，資深員工宛如棄子。
希望有更多時間能充實自己。
想到新環境，挑戰新事物。
把內容整理成樹狀圖，然後篩選出問題點。

（接下頁）

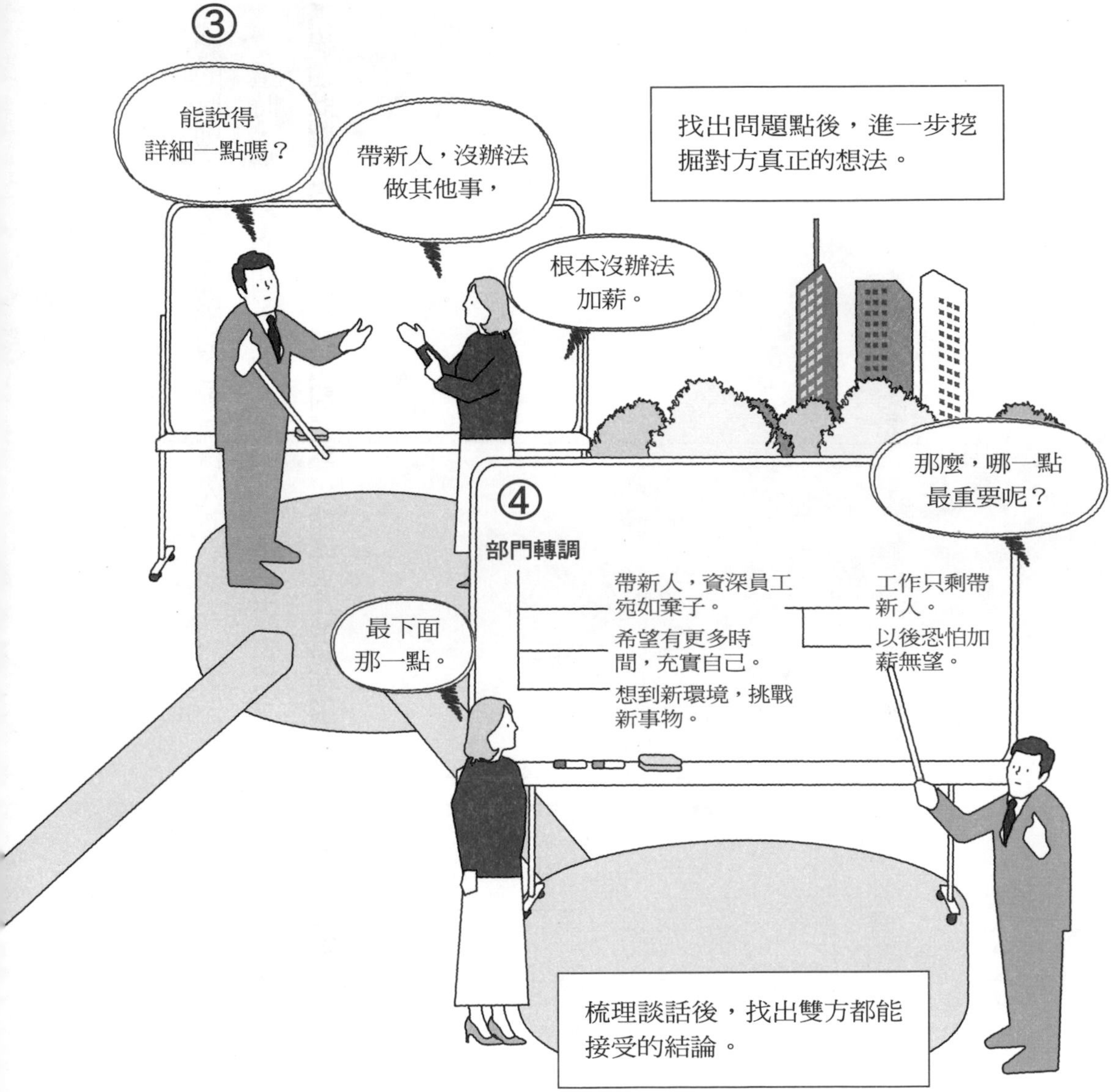
③
能說得
詳細一點嗎？
帶新人，沒辦法
做其他事，
根本沒辦法
加薪。
找出問題點後，進一步挖
掘對方真正的想法。
④
那麼，哪一點
最重要呢？
部門轉調
帶新人，資深員工
宛如棄子。
希望有更多時
間，充實自己。
想到新環境，挑戰
新事物。
工作只剩帶
新人。
以後恐怕加
薪無望。
最下面
那一點。
梳理談話後，找出雙方都能
接受的結論。

傾聽的原則，以誘出部屬的心聲為優先。

這時，最重要的關鍵是問題的順序。排列出順位後，核心問題就會顯露在樹狀圖上。

透過樹狀圖來溝通，逐步找出問題點，能讓彼此的想法變得更加鮮明、清晰。

06 最糟糕的決定，就是不做決定

關鍵字
↓
☑判斷標準

為了提升決策品質，主管必須有一致的判斷標準。

拖延、遲遲無法做決定，往往讓狀況變得更糟。因此，主管必須預先推測各種風險，然後搶先一步行動。

但若決策只是基於虛榮、衝動、壓力，或是事後不斷更改決定，常會讓部屬受盡折騰。**為避免自己在這種關鍵時候受情緒影響，必須建立一致判斷標準或原則**（見下頁圖、四十九頁圖）。

決策的判斷標準

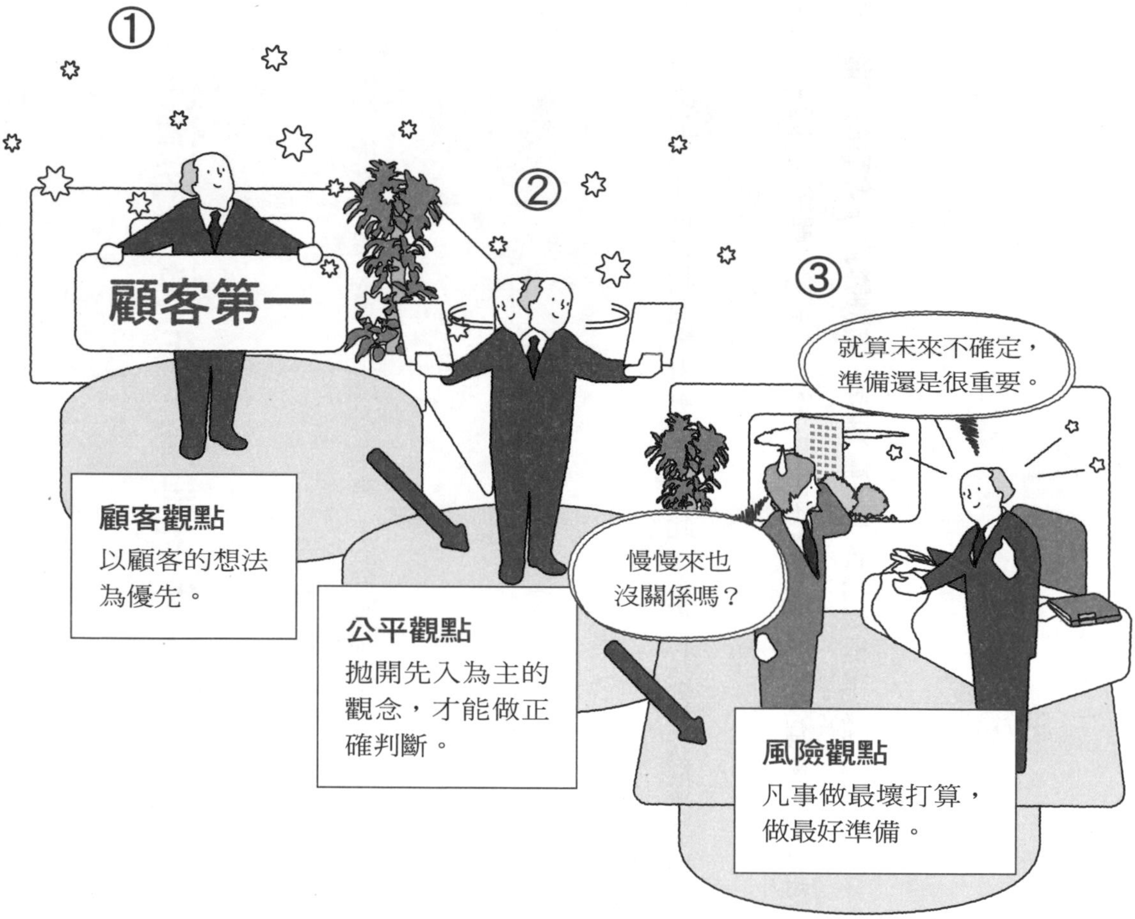
①
顧客第一
顧客觀點
以顧客的想法為優先。
②
公平觀點
拋開先入為主的觀念，才能做正確判斷。
③
就算未來不確定，準備還是很重要。
慢慢來也沒關係嗎？
風險觀點
凡事做最壞打算，做最好準備。

（接下頁）

④
大家一起回想
最初的目的。
目的觀點
不斷確認大家是否偏
離最初目的。
⑤
短期看不到效果。
先暫緩這件事好了。
效果觀點
若看不到成效，行動先
暫停。
⑥
這是預料中的事。
別慌、別急。
長期觀點
別只看眼前狀態，
眼光放長遠。
⑦
把它當成一個
很不錯的經驗。
振作觀點
就算失敗，只要損失不
大，就把損失看作成長
的學費。

07

過往經驗只能當參考

主管應以商業理論作為決策標準。因為那些理論是經過許多例子驗證的成功模式。

關鍵字 商業理論

優秀主管能立刻下決策，就是因為把商業理論當成判斷標準。現代管理學之父彼得・杜拉克（Peter Drucker）的「選擇和集中」、著名管理學家麥可・波特（Michael Porter）的「競爭策略」等，都是很多商務人士在實踐的商業理論（常見的商業理論見左頁圖、五十二頁圖）。

已被確立的商業理論大多具有一定的實效，這些知識能為主管帶來極大的優勢。

猶豫不決時，就靠理論來判斷

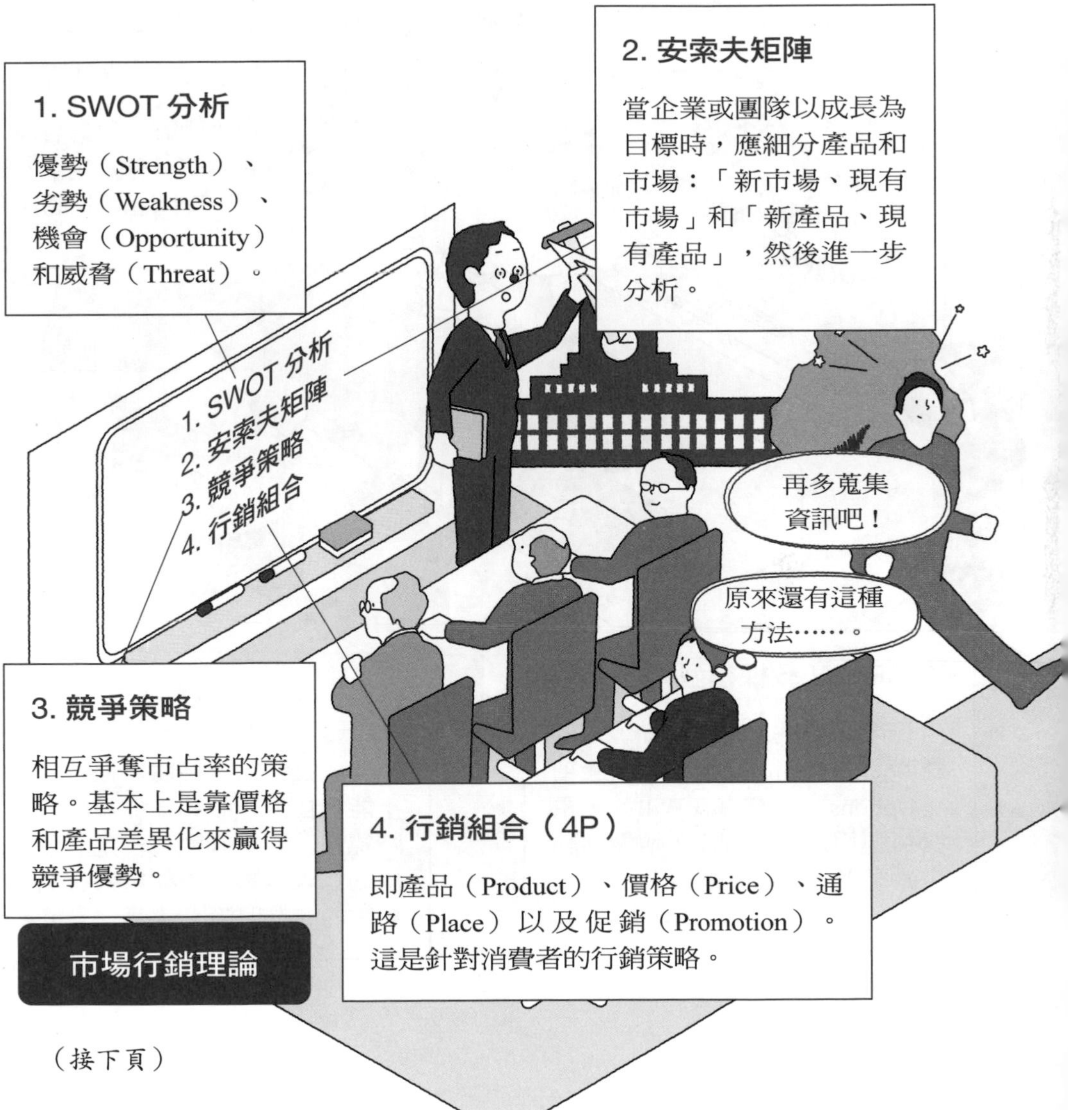
1. SWOT 分析
優勢（Strength）、劣勢（Weakness）、機會（Opportunity）和威脅（Threat）。
2. 安索夫矩陣
當企業或團隊以成長為目標時，應細分產品和市場：「新市場、現有市場」和「新產品、現有產品」，然後進一步分析。
1. SWOT 分析
2. 安索夫矩陣
3. 競爭策略
4. 行銷組合
再多蒐集資訊吧！
原來還有這種方法……。
3. 競爭策略
相互爭奪市占率的策略。基本上是靠價格和產品差異化來贏得競爭優勢。
4. 行銷組合（4P）
即產品（Product）、價格（Price）、通路（Place）以及促銷（Promotion）。這是針對消費者的行銷策略。
市場行銷理論

（接下頁）

管理理論

5. 平衡計分卡（BSC）

有財務、顧客、業務流程、學習成長、願景等，BSC（見 230 頁至 233 頁）是讓 5 個構面良好均衡的業務管理方法。

6. 人力資源管理

把人才視為經營資源、有系統且有效運用的機制。範圍涵蓋招聘、教育、培訓等。

7. GROW 教練模型

目標或想要的結果（Goal）、確認現狀（Reality Check）、選項（Options）、意願（Will）。主管可運用這 4 種程序，培養部屬主動思考、行動的能力。

人要成長就需要經驗，但主管不能把自身經驗和知識當成判斷標準。與其仰賴不一定能通用的個人經驗，不如參考有例可證的商業理論。

現在開始學也不會太晚。先試著讀基礎架構的商業書，也可選擇參加商務課程。考證照也是不錯的方法。不論合格與否，為挑戰而學習，都能充實自己。

- SWOT分析：是在制定發展戰略前，透過分析自身優劣勢、外部競爭的機會和威脅，以了解競爭優勢的定位。
- 安索夫矩陣：以產品和市場作為兩大基本面向，幫助企業建構產品與市場的關係，以了解該採取什麼策略。
- 競爭策略：企業想在選定的市場中競爭，有三種策略可選擇：成本導向（降低成本）、差異化（產品、服務等和競爭對手做出差異）或目標集中（針對特定顧客）。
- 行銷組合：精準鎖定消費者期望的商品，進而擬定出能滿足目標市場需求的行銷策略。
- 平衡計分卡：一項用於策略績效管理的工具，衡量企業內外部績效，並藉此擬定長程戰略目標方案。
- 人力資源管理：若將不適當的人力配對不適當的職位，資源效益不但全無，甚至可能損耗。人力資源最重要的是培訓及發展，以發揮各階層的人力潛能。
- GROW模型：透過提問，讓員工和主管專注彼此的對話，讓部屬發現自身潛能，接著設定自我目標，最終解決問題。

08

明確告訴部屬，哪些事情「不要做」

關鍵字 ↓ ☑ RFM分析、錢包份額

決定該做的事很容易，難的是決定不要做哪些事。為了不浪費有限資源，釐清工作順序非常重要。

彼得・杜拉克提倡的重要概念之一「選擇和集中」，主要用來判斷應把事業的核心放在哪裡，資源集中投放在哪裡。這是主管應牢記的觀點。除了釐清該做的事，還要明確知道哪些事不必做（見左頁圖）。

舉例來說，在尋找核心顧客時，你可以使用「RFM分析」——最近一次消費時間（Recency）、消費頻率（Frequency）、單次消費金額（Monetary）三種指標，對顧客排

明確告訴部屬那些事不要做

篩選核心顧客的方法：錢包份額

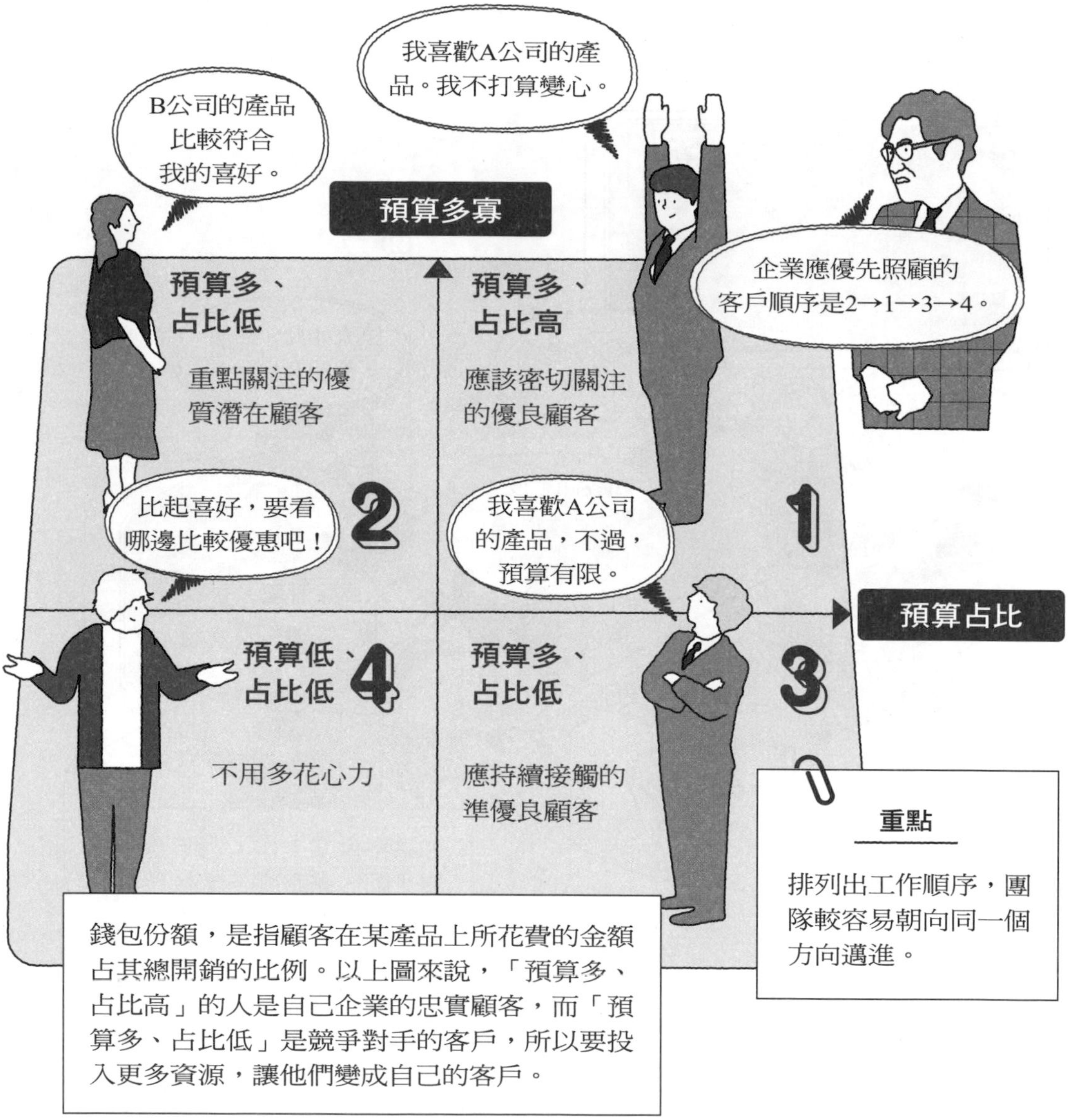

錢包份額，是指顧客在某產品上所花費的金額占其總開銷的比例。以上圖來說，「預算多、占比高」的人是自己企業的忠實顧客，而「預算多、占比低」是競爭對手的客戶，所以要投入更多資源，讓他們變成自己的客戶。

重點

排列出工作順序，團隊較容易朝向同一個方向邁進。

序，然後將資源集中在對業績最有貢獻的顧客身上。

另一個排序方法是「錢包份額」（見右頁圖），也能幫助員工篩選出要把成本投注到哪些人身上。

09

你每天花多少時間處理電子郵件？

成為主管後，你得減少處理行政瑣事的時間。

關鍵字 ↓ ☑處理能力

成為主管後，如果繼續用以前的方法做事，可能導致很多工作來不及完成，上級對自己的評價因此降低。為避免陷入這樣的窘境，主管必須減少處理瑣事的時間。

例如，若想快速完成電子郵件或商業文件，具體做法可參考左頁圖。此外，在現代還可以用智慧型手機的語音輸入 App，趁空檔時段處理電子郵件（見六十頁圖）。

據說寫一封電子郵件平均花六分鐘，假設改成語音輸入，可縮短成三十秒，也能寫出

逐字輸入，很費時

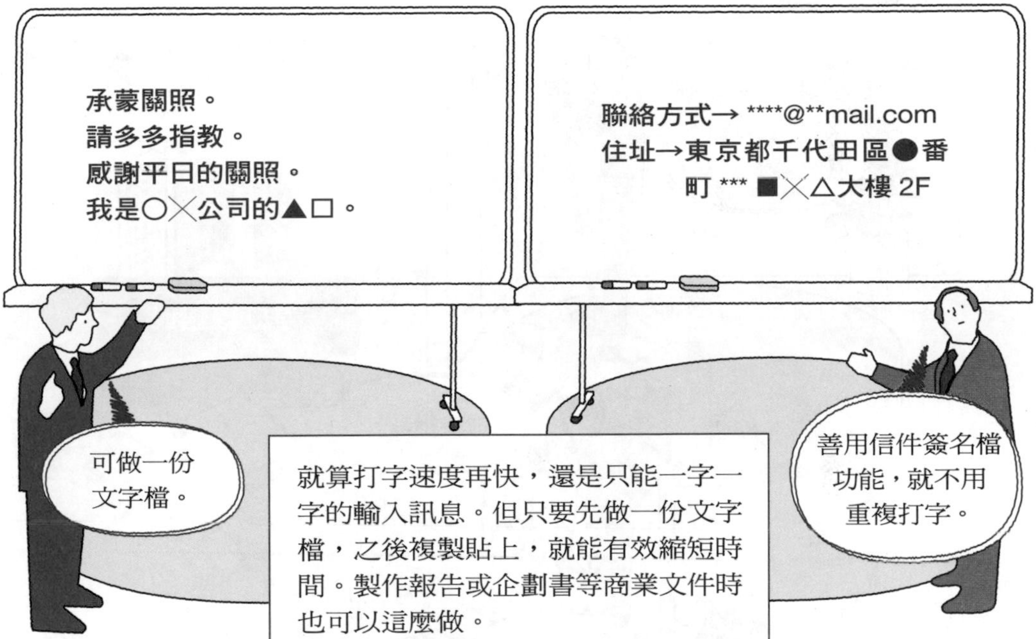
承蒙關照。
請多多指教。
感謝平日的關照。
我是○╳公司的▲□。
聯絡方式→ ****@**mail.com
住址→東京都千代田區●番町 *** ■╳△大樓 2F
可做一份文字檔。
善用信件簽名檔功能，就不用重複打字。

就算打字速度再快，還是只能一字一字的輸入訊息。但只要先做一份文字檔，之後複製貼上，就能有效縮短時間。製作報告或企劃書等商業文件時也可以這麼做。
順帶一提，許多郵件有可設定常用字句及簽名檔等功能，可以多加利用。

語音輸入更省時

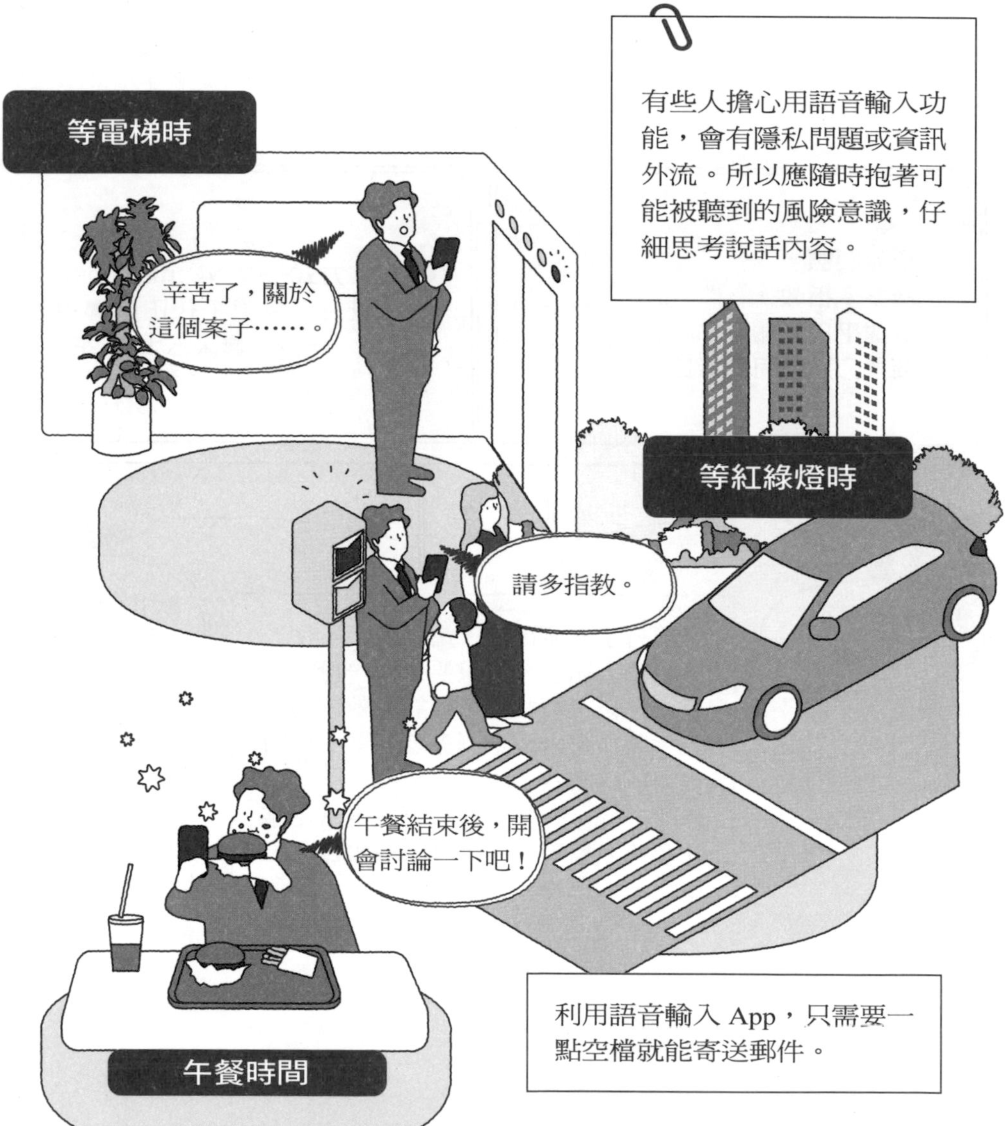
等電梯時
辛苦了，關於這個案子……。
有些人擔心用語音輸入功能，會有隱私問題或資訊外流。所以應隨時抱著可能被聽到的風險意識，仔細思考說話內容。
等紅綠燈時
請多指教。
午餐結束後，開會討論一下吧！
午餐時間
利用語音輸入 App，只需要一點空檔就能寄送郵件。

幾乎沒有錯字的文章。如此一來，原本一天需要花一小時處理電子郵件，變成只需五分鐘就能搞定。

你可試著在空檔時間，用手機多嘗試語音輸入功能，一旦習慣後，即便是等紅綠燈的極短時間，也能快速處理電子郵件。

10

達標趨勢圖，管進度最有效

達標趨勢能顯示每日目標工作量，這項工具最適合用來管進度。

關鍵字
達標趨勢

許多人都想只踏一步就抵達終點，但唯有腳踏實地的一步步前進，才能最快達標。

「為了達成目標，每天必須完成的進度」，稱為「達標趨勢」（見左頁圖）。具體來說，可設定成每天要做到多少銷售額、商談數、面談次數等。

達標趨勢只是用來實現目標的參考標準，若過於執著當日數字，反而會逼得自己喘不過氣（見六十四頁圖）。例如，因為今日沒有達標，就持續加班，同事之間會開始互看臉

達標趨勢圖

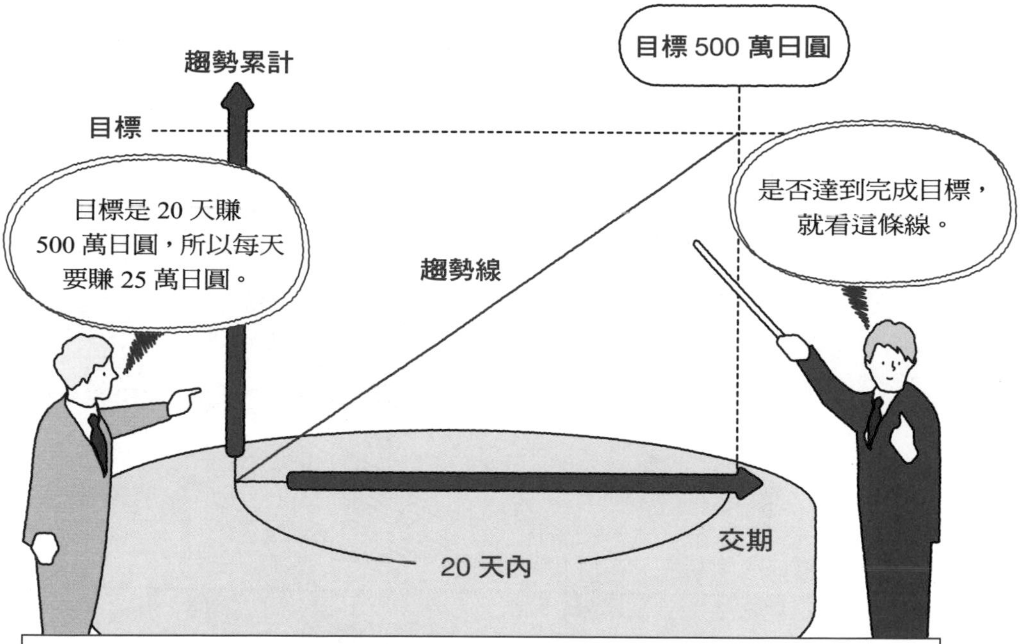

在這個案例中，達標趨勢是「目標金額 ÷ 剩餘天數」。
清楚標示時間點趨勢累計的線條，是「趨勢線」。如果每天都低於趨勢線，達成目標的難度就會變高。

別為了達標，而無止境的加班

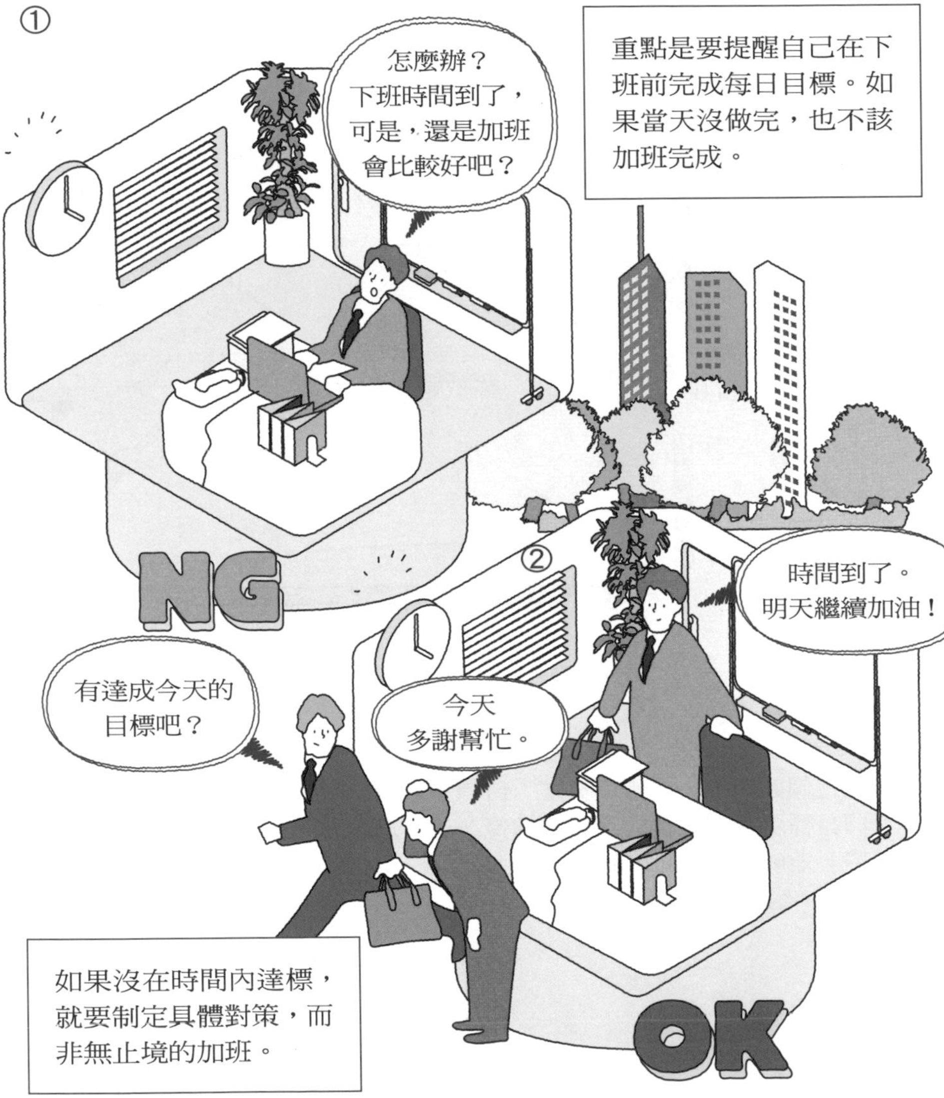

色，導致職場氣氛變差。

我建議應提前設定好當天的截止時間，例如「在下午五點前達成」等，與此同時，也應規定「**沒有達標就必須提前報告**」，然後共同思考對策。如果能因此促進部屬做好自我管理會更好。

11 部屬是不是偷懶？檢視工作流程就知道

關鍵字 ↓ ☑ 成就藍圖、流程管理

想確認部屬是否朝著目標前進，重要的是做好流程管理。

「他很努力，但不知為什麼總做不出結果。」此時把部屬叫到面前罵一頓，檢視他是否偷懶，根本於事無補。主管應做的是檢查員工是否確實執行「成就藍圖」——為了實現目標而落實的事。

成就藍圖通常會伴隨著具體數值。舉例來說，「每個月要簽到三張新訂單」（該範例請參考左頁圖、六十八頁圖）。

①
這是
本月目標。
目標！
每個月成交
3張訂單
知道了。
②
大家很努力，
卻拿不到訂單。
明明完成了
每日目標。
該公司設定的目標，是每人每個月要簽到三張新訂單。於是制定出的成就藍圖，是「每個成員一天須撥打 40 至 50 通電話，並預估預約成功率為 2%、成交率為 30%」。

（接下頁）

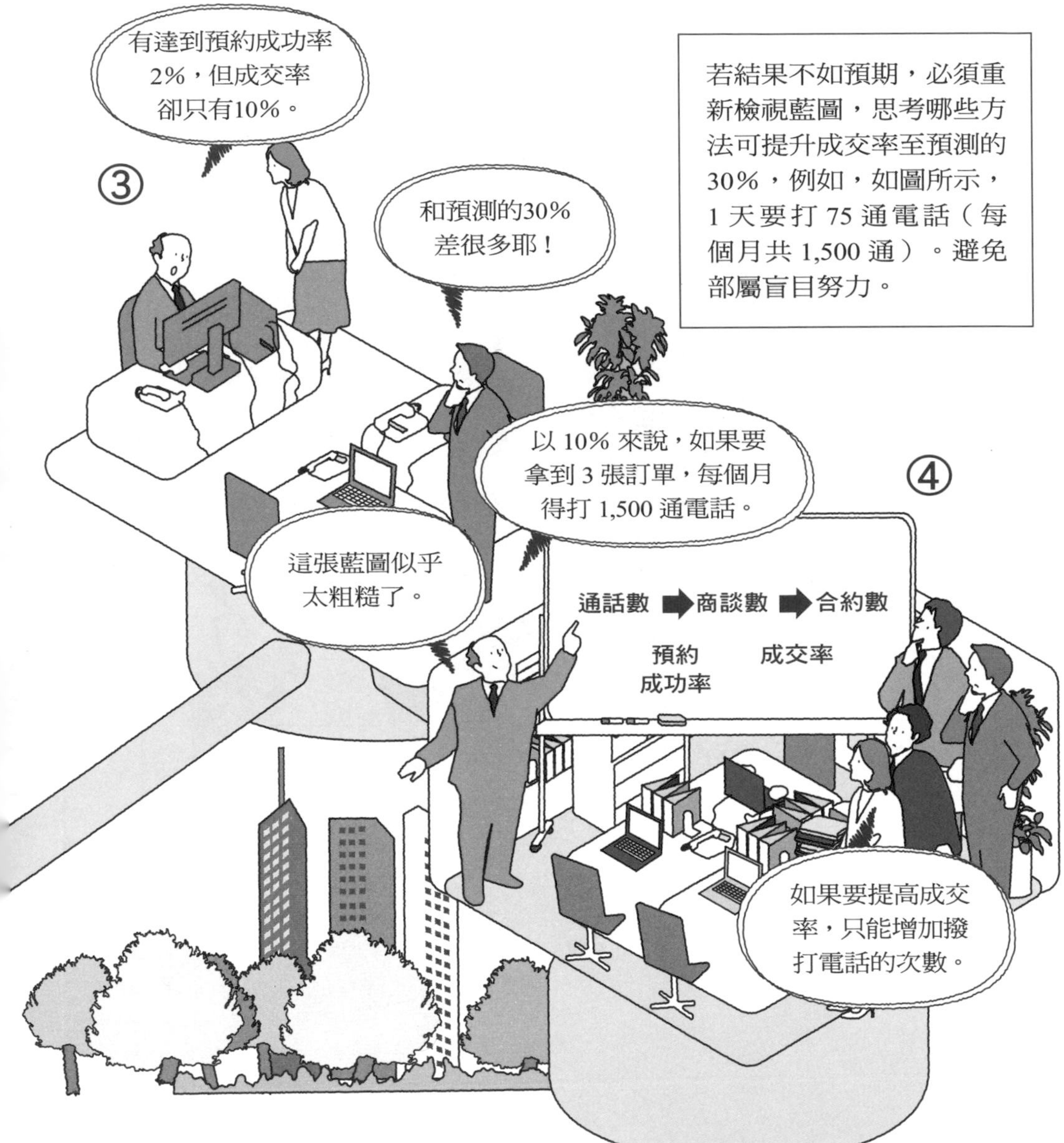
若結果不如預期，必須重新檢視藍圖，思考哪些方法可提升成交率至預測的30%，例如，如圖所示，1 天要打 75 通電話（每個月共 1,500 通）。避免部屬盲目努力。
③
有達到預約成功率2%，但成交率卻只有10%。
和預測的30%差很多耶！
這張藍圖似乎太粗糙了。
以 10% 來說，如果要拿到 3 張訂單，每個月得打 1,500 通電話。
④
通話數 ➡ 商談數 ➡ 合約數
預約成功率
成交率
如果要提高成交率，只能增加撥打電話的次數。

如果眾人能依照藍圖執行並達成目標，當然沒有問題，但若藍圖設計不當，所有行動等同於徒勞。做不出成果時，先仔細確認流程是否適當，也就是所謂的行程管理（Process management）。

這個時候，不能只責怪員工偷懶，而是要**拿出成就藍圖逐一核對，確認揭露的數值目標設定是否適當、行動是否有效**。

翻翻就會的管理學

好主管要認真工作，但不減玩心

你認為，好主管需要具備哪些特質？

認真對待工作當然很重要。可是，如果主管認真到讓職場氣氛變嚴肅、沉重，就不是好事了。

當主管，除了工作態度認真，還要「抱有玩心」和「會閒聊」等。這是提升團隊合作的必備要素。

當職場成為能暢所欲言的場所，員工在提案時，就不需要花太多時間做心理準備。而且，成員提出來想法或言論會相互激盪，自然能創造絕妙靈感。此外，職場環境會變得比之前更快樂，如此一來，不但能激勵部屬，還能減輕其壓力。光是打造出一個充滿玩心、令人開心的職場，就有這麼多的好處。

不管怎麼說，認真工作、尊重每個人的創意，讓大家都能發揮玩心的職場，是主管應追求的理想環境。

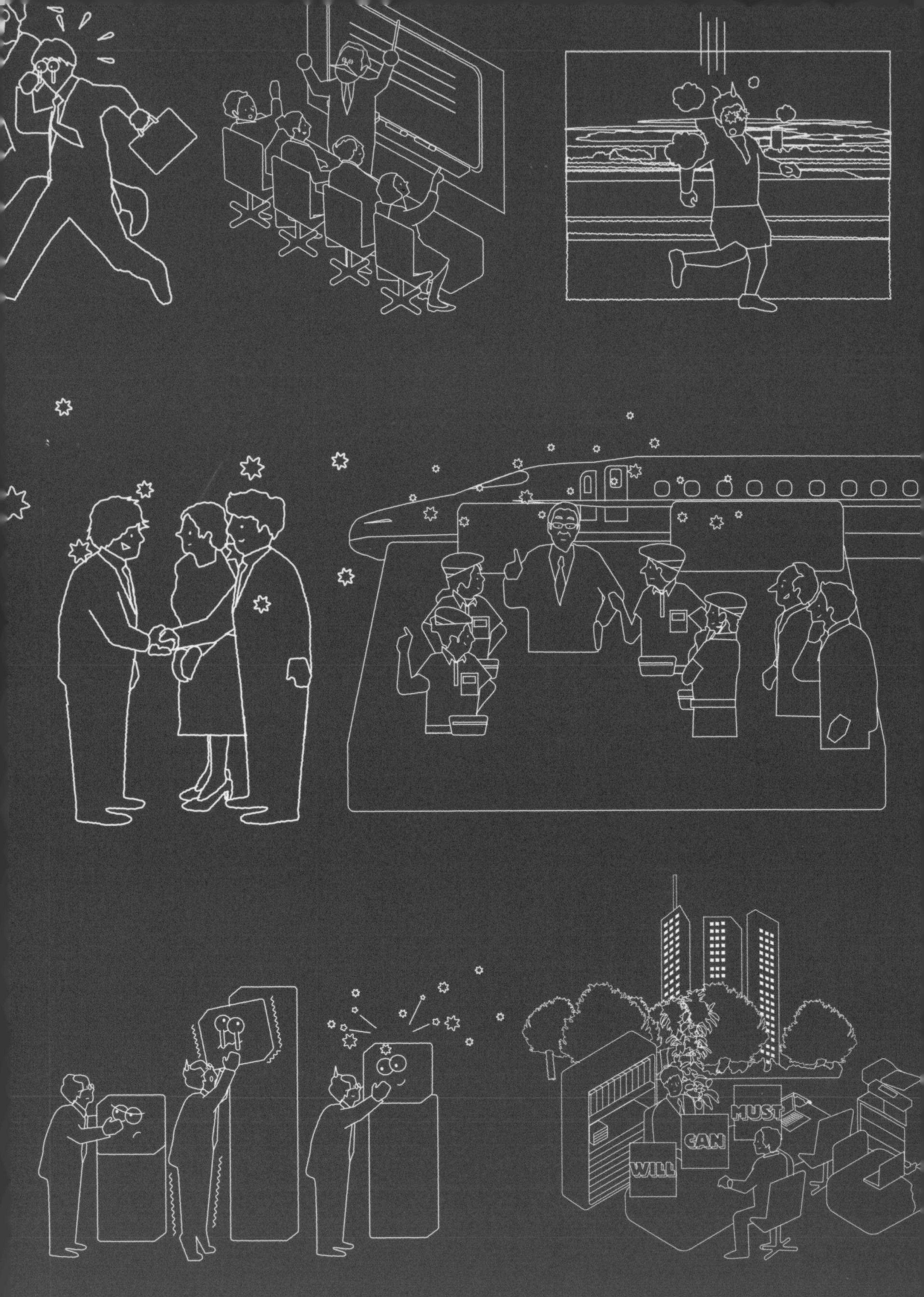
MUST
CAN
WILL

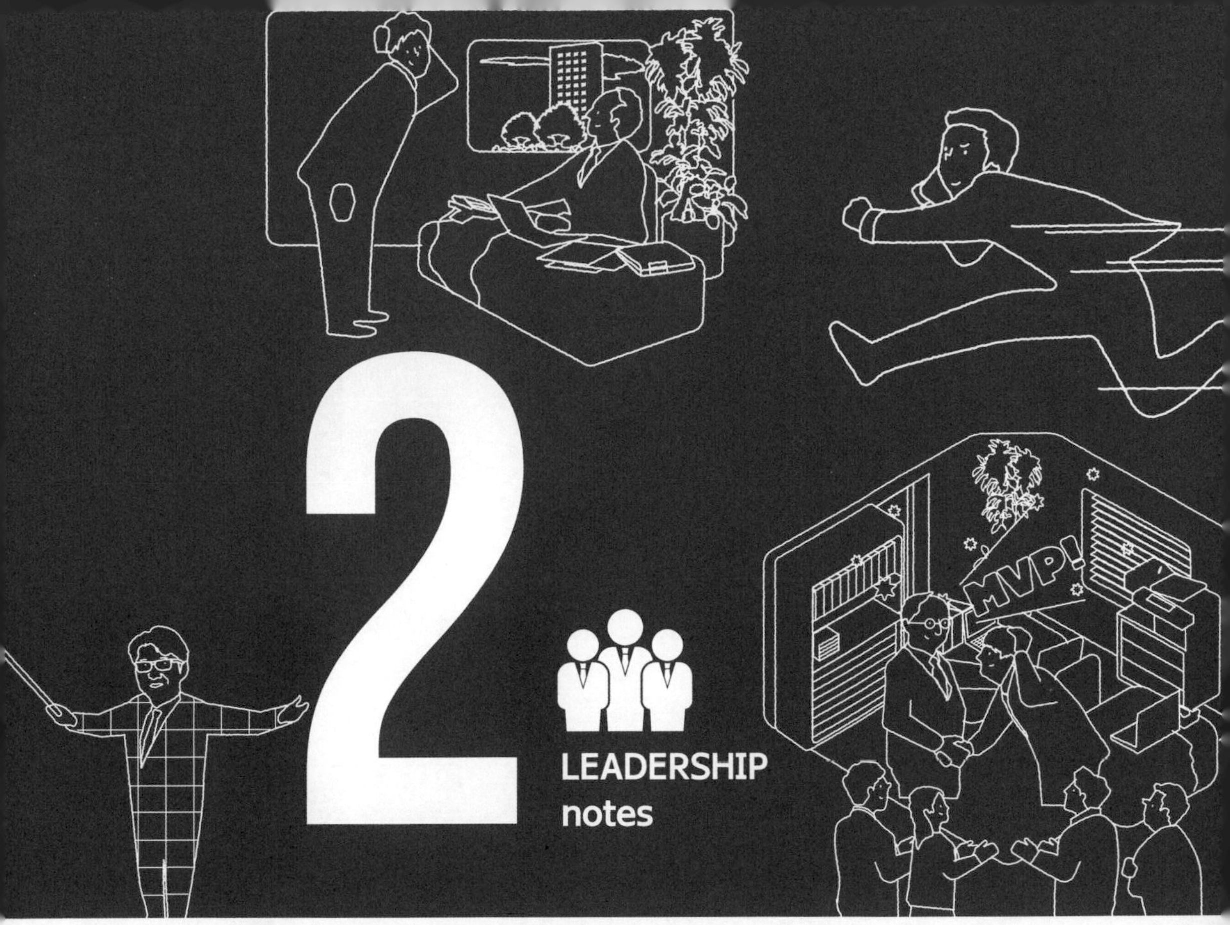

近 10 年急遽攀升的好主管形象

主管未必要有魅力或吸引力，但要願意好好聽部屬說話。

01 聽話，願意好好聽部屬說話

關鍵字
↓
☑ 僕人式領導

……真摯傾聽部屬意見或想法的主管，越來越受歡迎。

知名管理顧問公司瑞可利（Recruit）在二〇二二年實施了新進員工意識調查，結果發現，部屬認為理想主管的特質中，占比最高為「願意傾聽員工的意見或想法」，其次是「細心指導每個人」（見左頁圖），尤其後者在近十年更是提高一四％。

另一方面，「獨裁式領導」以及「老愛吆喝大家一起行動」的主管特質，則大幅下滑（見七十六頁圖）。

10年來評價急速攀升的好主管特質

你說得沒錯。
我覺得這樣比較有效率。
如果不清楚，隨時可以問我。
上升 14%
細心指導每個人
傾聽對方意見或想法
上升 2.5%
你做得很棒！
謝謝！
不吝嗇給予誇讚
上升 12.9%

54.1%的人認為理想主管的特質是「願意傾聽員工的意見或想法」。此外，越來越多人認為，好主管要能「細心指導每個人」。

10年來評價急速下滑的主管特質

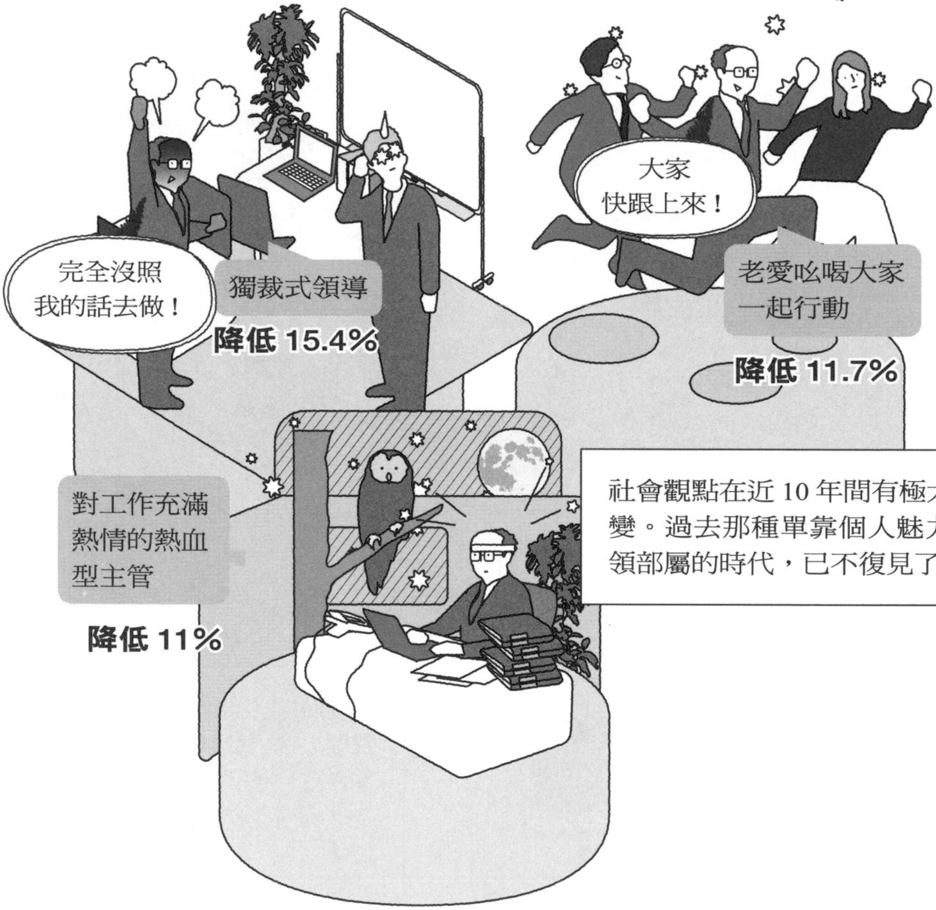

社會觀點在近 10 年間有極大改變。過去那種單靠個人魅力帶領部屬的時代，已不復見了。

現代社會新鮮人追隨的，不再是充滿魅力的熱血型主管，而是能給予細心指導、傾聽部屬意見的僕人式領導（Servant Leadership）。

02

出事不甩鍋，與部屬一同承擔失敗

關鍵字 ↓ ☑ 細心、守護員工的力量

與員工溝通時，主管除了細心叮嚀，還要能成為部屬的護盾。

過去那種權威式的領導現在已經行不通了。隨意、粗暴的待人，甚至會被視為職場騷擾。此外，下指令時過於畏縮膽怯，也沒辦法做出適當的指導。

關鍵在於主管和部屬溝通時，應細心叮囑（見左頁圖），而非嚴厲、粗暴的命令對方。如此一來，新進員工才會誠心接受指導，甚至對指導有所期待。

除了細心指導，現代主管也需要能守護員工的力量（見八十頁圖）。

細心指導，萬一出事也不甩鍋

①

②

就算部屬拖延工作進度，仍嚴禁對他說教。主管在這時應詳細說明把業務交給對方的理由，或解說執行上的具體步驟。

光是指導也不夠，還要能挺身守護員工

①
這是我的錯。抱歉造成大家的困擾。
不隱瞞，坦率承認自己的過錯。
指導如果只有溫柔，就會變成濫好人。主管還需要有能守護員工的肩膀。
②
我們一起補救吧！
對不起。
與部屬共同承擔失敗。
③
一切都是我身為主管的責任。
成為部屬的後盾，避免部屬遭受責難。

日本偶像團體嵐的隊長大野智，可說是擁有挺身守護成員力量的最佳典範，比起保護自己，對他來說，支持成員才是更重要的事。像這樣，以勇敢姿態挺身保護部屬，便是現代主管應該具備的特質。

03

部屬最討厭聽主管說「想當年」

關鍵字 ➡ ☑ 未來預想圖

你的過去部屬不感興趣，他們只在乎自己的未來。

能當上主管，難免有幾件值得向他人誇耀的豐功偉業。儘管如此，如果整天抓著部屬談論當年勇，肯定會讓對方退避三舍（見左頁圖），尤其是年輕部屬，他們對主管的過去毫無興趣，**只關心自己的未來**。

具體來說，部屬真正關心的是：「是否值得把自己的前途押注在主管身上？」這才是他們真正希望釐清的。

部屬對主管的過往不感興趣

這就是我的
成功故事。
我比較想知道團隊
的願景。
又開始了。
這些年輕人
真可憐……。
主管不要誇耀當年勇，而是多說自己構
想團隊未來的發展，以及該如何實踐。

04

我個性內向，怎麼管人？

關鍵字 ↓ ☑內向型

外表沒魅力，說話也無法打動人心……許多人會因性格內向，而擔心自己不適合當領導者。

很多人都曾想：「能成為主管固然很不錯，但自己個性內向大概不適合當領導者。」這些想法其實是杞人憂天。很多成功主管都很內向（見左頁圖），但他們會適時輔助部屬，**讓部屬把能力發揮到極限**（見八十六頁圖）。

舉例來說，微軟創辦人比爾・蓋茲（Bill Gates）、谷歌創辦人賴利・佩吉（Larry Page）、Meta Platforms 創辦人馬克・祖克柏（Mark Zuckerberg）等，這些全球知名的企

外向型主管和內向型主管之差異

外向型主管
會表達他的想法和感受，並策動部屬。
我想這麼做！
我有一個想法……。
嗯～是什麼呢？
外向型主管往往以「是否符合自己的想法」作為採納標準。因此，這種主管有時不受部屬歡迎。
內向型主管
內向型主管會視情況需要，輔助部屬。
工作有沒有問題？
我在客戶那邊聽到……。
謝謝妳告訴我，我馬上思考對策。
內向型主管能坦然接受部屬的建議，反而更受部屬歡迎。

內向型主管會聽人意見，較能提高績效

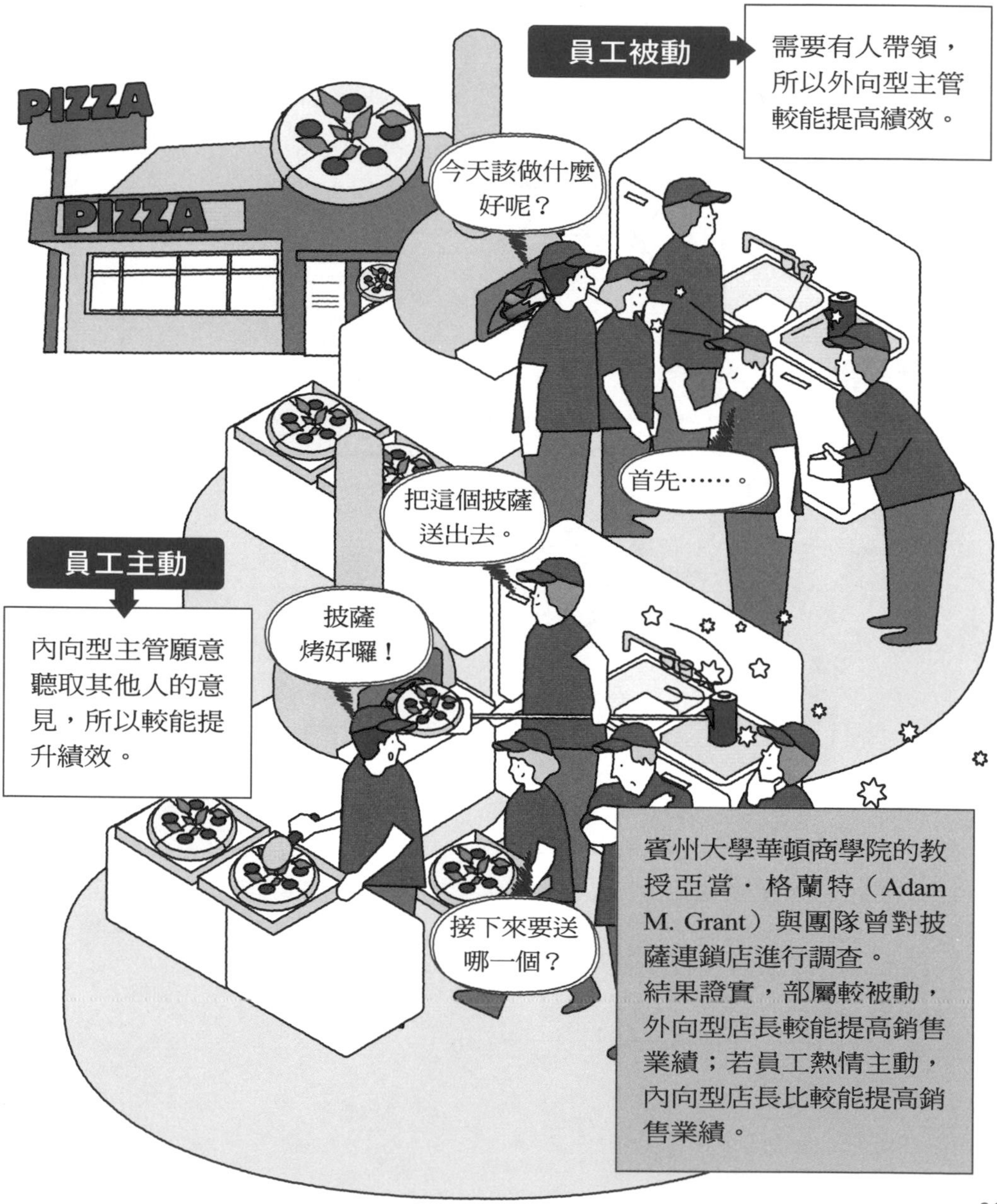
員工被動
需要有人帶領，所以外向型主管較能提高績效。
今天該做什麼好呢？
首先……。
把這個披薩送出去。
員工主動
內向型主管願意聽取其他人的意見，所以較能提升績效。
披薩烤好囉！
接下來要送哪一個？
賓州大學華頓商學院的教授亞當・格蘭特（Adam M. Grant）與團隊曾對披薩連鎖店進行調查。
結果證實，部屬較被動，外向型店長較能提高銷售業績；若員工熱情主動，內向型店長比較能提高銷售業績。

業創始人都是內向型主管。

一般公司的主管也一樣，不要追求自己本身的魅力，而應發揮讓部屬發光的領導力。

05 主管「不」能忘的使命

主管因使命而成長，團隊因政策而強大。

關鍵字
使命、政策

成為主管一段時間後，難免感到心累、沒動力，這時不妨先試著找出使命，這是維持幹勁，還能提升能力的方法。如果不知道怎麼找，可以回想在日常生活或工作時，是否有過「絕對不能置之不理」的經驗（見左頁圖）？如果有的話，那麼當時湧現的想法，就是你的使命。

主管在肩負使命的同時，還必須為自己的團隊制定政策。

從工作中的不便、不安找使命

ATM
車子在狹窄道路開太快了！

不便：例如對某些人來說，ATM 很難使用，所以需要花很多時間操作，導致大排長龍。

不安：日本住宅區有許多狹窄道路，不少人都碰過汽車從身旁呼嘯而過。

如果找不到使命，可以到街上走走。找出認為「不能置之不理，得想辦法才行」的「不」（不安、不便、不滿等）。那就是主管的使命。

團隊能強大，不是靠主管，而是明確的政策

例如，當事情「不是由一個人做，而是由團隊一起做」時，就要制定政策，其方法如右頁圖所示。對主管來說，政策就是任何時刻都不會影響判斷的標準。**對團隊成員而言，政策是行動依據**。團隊之所以強大，靠的不是主管自身魅力，而是明確的團隊政策。

06

不說「你們」，改說「我們」

關鍵字 ☑ 我們、他們

把主詞從你們（You）改成我們（We），就能提高團隊精神。

優秀主管需要注意遣詞用字。光是把主詞從「你們、大家」改成「我們」，能營造出團隊精神。例如，「多虧你們的努力，這一次才能達標」，和「因為我們很努力，這一次才能成功，下次也要一起努力」（見左頁圖）。

主管持續留意主詞，部屬自然會產生團隊意識，進而自發行動。如果希望進一步強化組織共識，要想辦法讓團隊開始意識到「他們」的存在（見九十四頁圖）。這裡的他們是

多說「我們」，團隊更有共識

YOU
WE
多虧大家，
才沒出現問題。
因為我們很努力，
才能避免發生問題。
和成員談話時，把主詞從「你們」改成「我們」，可產生團隊精神。

意識「他們」（有麻煩的某人）

「為了幫助有困難的人」，是主管提高部屬動機的手段之一。

指「有困擾的顧客」。所以，可以這麼想：「**我們要怎麼幫助他們（顧客）？**」我們團結一致，為了誰而工作？只要能建立共識，自然能成為更強大的團隊。

07 激勵不只口頭，還得有行動表示

關鍵字 ➡ ☑ 具體展現想法

想傳遞某訊息給部屬時，要以具體行動當成溝通手段。

過去的主管總是憑熱情來領導，或是主張「根性論」（按：指只要有精神和毅力，什麼難題都能應付），要求部屬做好每件事。但這兩種方法都越來越不受歡迎。

領導風格會隨著時代的改變而不斷變化，溝通方式也一樣。雖然主管慷慨激昂的言論有時能發揮激勵效果，不過，如左頁圖所示，具體行動是一種更有效的方法，例如，想犒賞業績好的員工，可贈送紀念品或辦表揚儀式等。

激勵不能只有口頭，還得有行動

改變不合時宜的現狀，也是一種激勵

當然，所謂的具體並不僅限於給獎金或禮物，也包含改變現狀，例如：舉辦員工旅遊，增進彼此情感；變更規則，使工作更有效率等，都算是具體表現（見右頁圖）。

可以說，透過行動表示，自己的想法更能傳達給團隊。

08 閒聊怎麼聊，部屬才想聊？

關鍵字 ➡ 親民、閒聊

親民，是一種魅力；閒聊，是職場人際關係的潤滑劑。只要主管善加利用，團隊就能更加融合。

主管有各種類型。有的充滿熱血，有的凡事據理力爭，也存在沒有搶眼技能，卻充滿魅力的領導者。不管在哪個時代，親民主管總是能獲得部屬好評。對組織來說，主管不完美反而是種吸引力（見左頁圖）。不過，如果沒拿捏好，就會被員工厭惡，所以必須多加注意。

該如何縮短和部屬之間的距離？這是時常圍繞著主管的課題。這時可試著把重點放在

與部屬拉近距離的方法

（按：產品召回是指產品有重大瑕疵或安全問題，可能對消費者造成影響，所以製造商要回收產品。）

製造閒聊機會

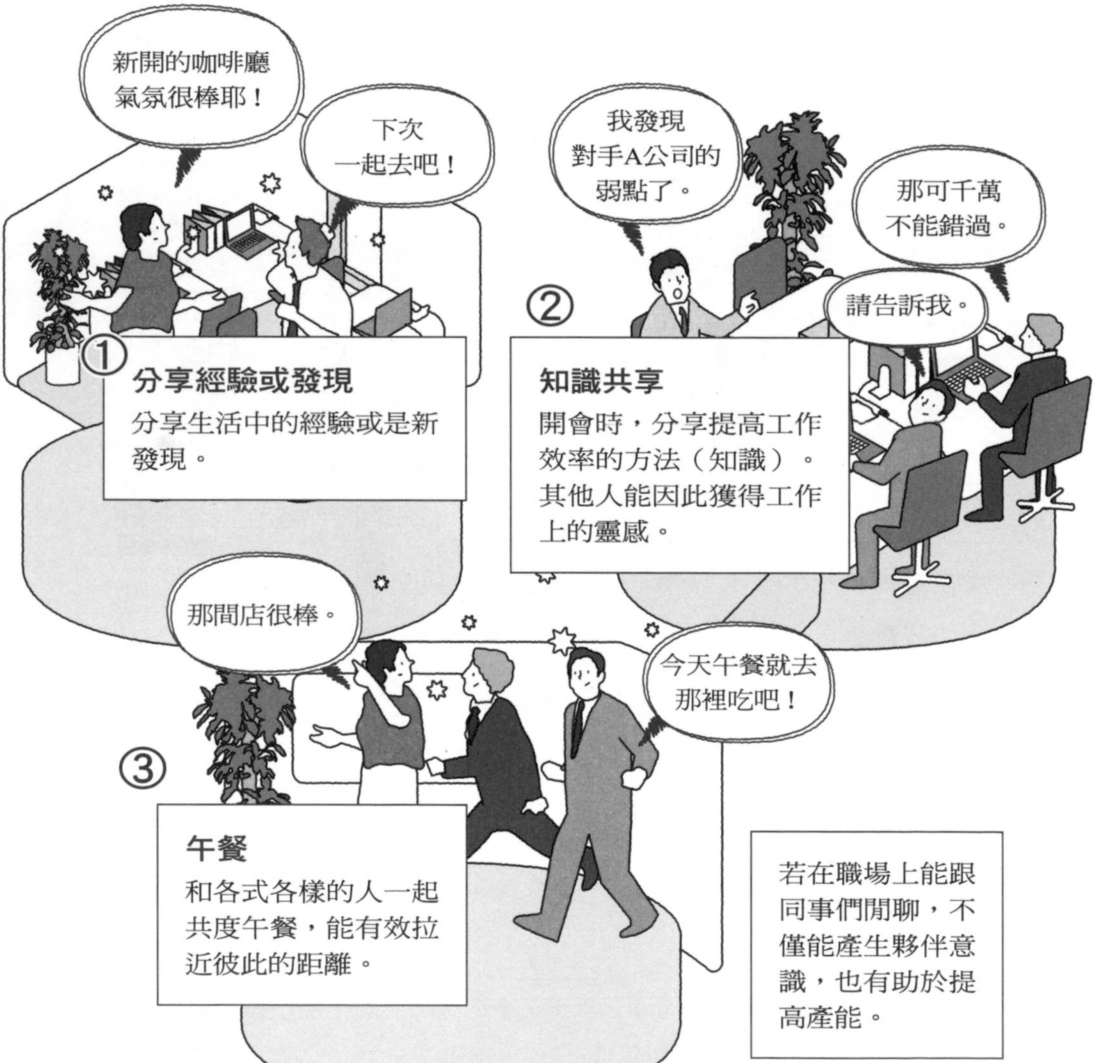

①
分享經驗或發現

分享生活中的經驗或是新發現。

②
知識共享

開會時，分享提高工作效率的方法（知識）。其他人能因此獲得工作上的靈感。

③
午餐

和各式各樣的人一起共度午餐，能有效拉近彼此的距離。

若在職場上能跟同事們閒聊，不僅能產生夥伴意識，也有助於提高產能。

閒聊上（見右頁圖）。

這裡的閒聊，是指**能輕鬆暢談。若在職場上能跟同事們閒聊，不僅能產生夥伴意識，也有助於提高產能**。實際上，據說某家企業透過小組共進午餐，增加團隊成員閒聊的機會，結果不僅提高組織士氣，更提升了整體的銷售業績。

09

多元共融，現代管理的基礎

關鍵字 ➡ ☑ 多元、共融

主管要具備「多元」（Diversity）和「共融」（Inclusion）理念，才能管理好團隊。

所謂的多元，是指年齡、國籍、種族、生活型態或宗教信仰……不同的族群相互尊重和學習。可以說，多元是現代人應必備的思維。若組織領者不了解何謂多元，團隊就會停滯，不再成長。

事實上，現在有越來越多的企業除了推動多元文化，還提倡**共融概念**（按：指不同國籍、文化、宗教、性別取向等員工一起工作，見左頁圖）。

多元和共融

共融
組織內的各種人一起做事，互相幫忙。
接下來是共融的時代。
公司把多元當作理念之一。
多元
組織內存在各式各樣的人。

每個部屬的工作觀都不同

聽說你確定升職了。恭喜。
謝謝。
為什麼大家都想升遷呢？
有人不想升遷
興趣比工作更重要
總算有穩定收益了。
喜歡兼職

曾被認為是負面的想法，現在已被視為一種獨特性格。因此，如何接受這些差異並運用，顯得更加重要。

處在多元共融時代的主管面對部屬時，必須考量到多元性（見右頁圖）。這時的重點是「提出請求」，而非命令。

例如，假設主管分派工作給部屬時，結果**對方因對業務內容感到不安而拒絕。那麼，主管要陪他思考消除不安的方法。而不是強迫對方完成**。如果有問題，就一起找出解決方案，然後實現目標。

10 遇上價值觀不同的人，不要勉強

關鍵字 ↓ ☑ 價值觀

主管要接納與自己不同的事物，並站在對方的立場思考。

每個人的個性、價值觀都不同。在表達個人意見前，先仔細觀察對方的想法。但過去擔任基層員工時表現越優秀的人，越容易忽略這點。

因為人的價值觀很難改變。既然如此，不如先問問對方的想法。問過之後，或許無法馬上理解，但至少能試著接納（見左頁圖）。

主管若想提高交辦能力，基本原則是考慮對方的立場和價值觀，記住「即使對方和自

任何價值觀都不該被否定

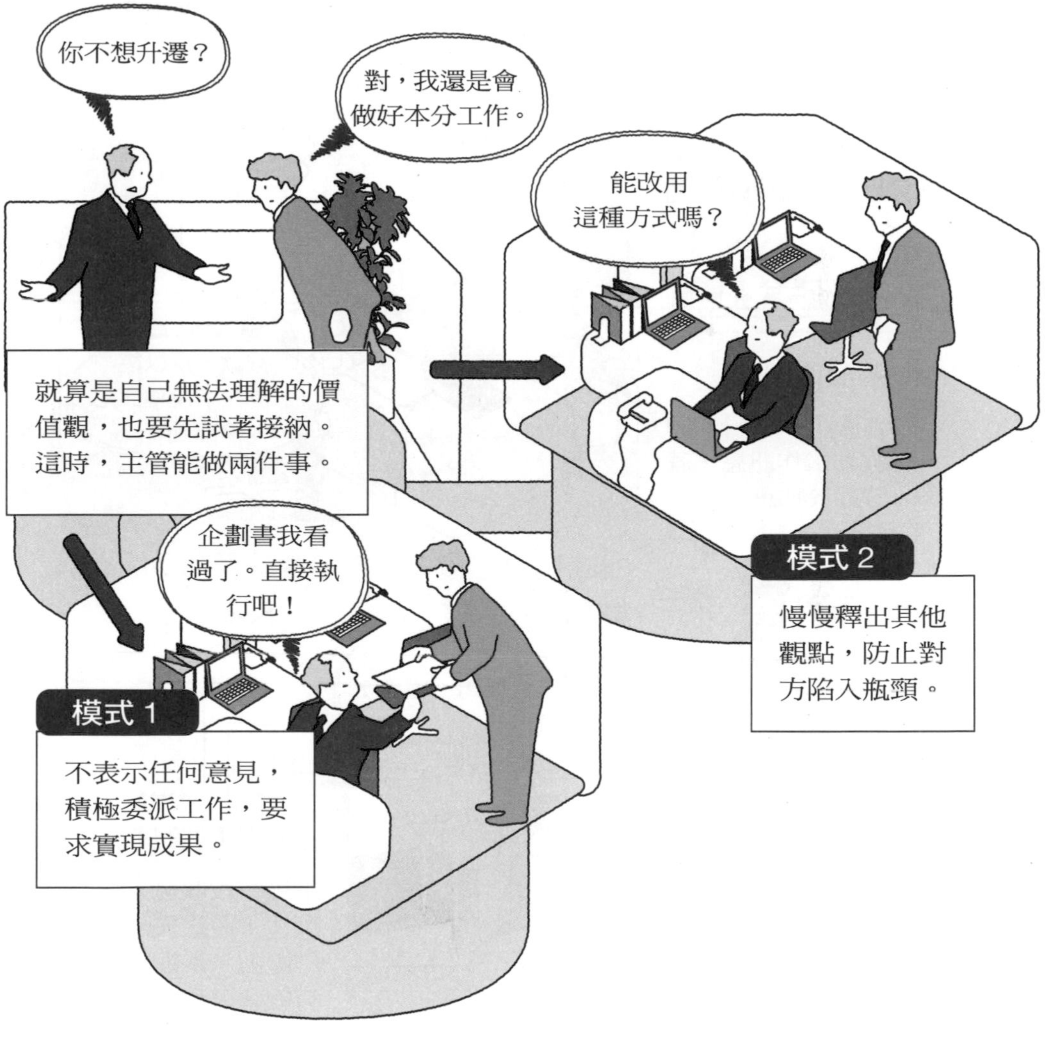

你不想升遷？
對，我還是會做好本分工作。
就算是自己無法理解的價值觀，也要先試著接納。這時，主管能做兩件事。
能改用這種方式嗎？
模式2
慢慢釋出其他觀點，防止對方陷入瓶頸。
企劃書我看過了。直接執行吧！
模式1
不表示任何意見，積極委派工作，要求實現成果。

嚴禁晚上或假日發送工作訊息

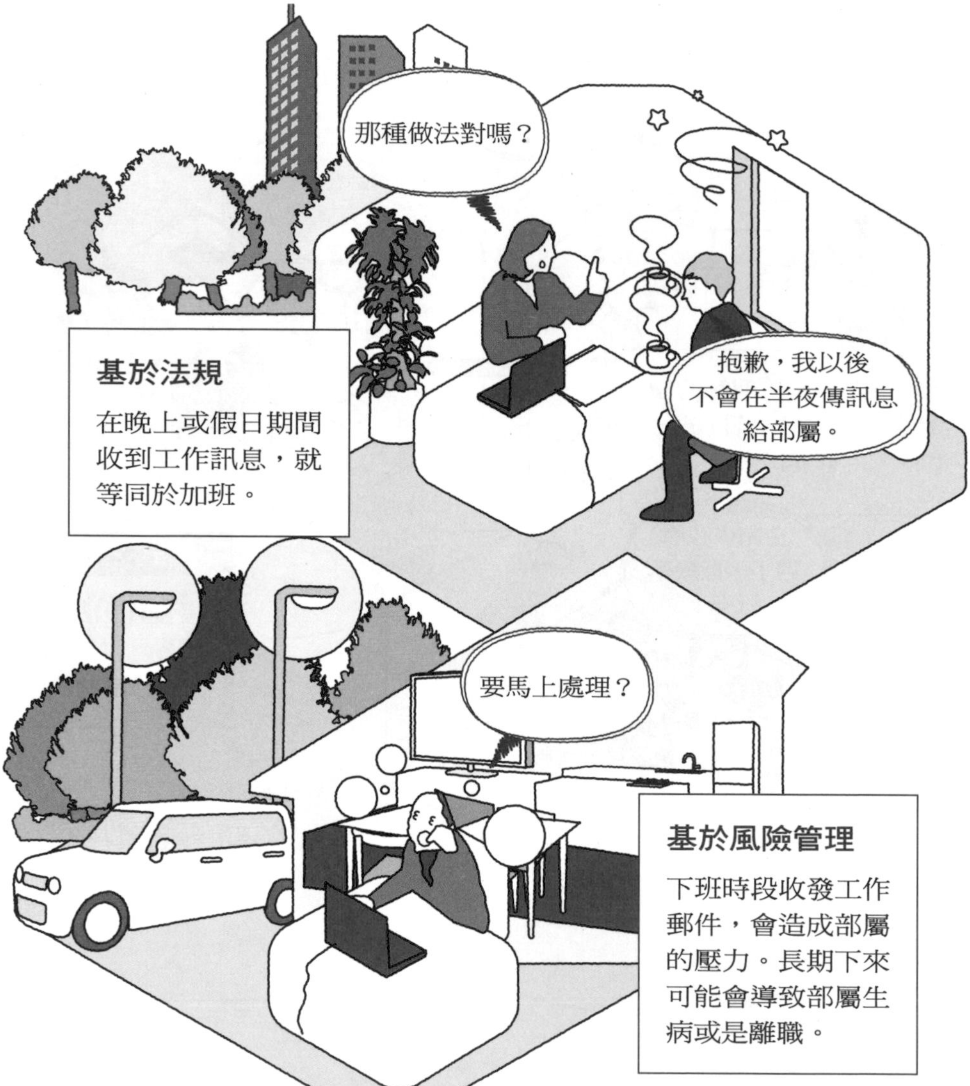

己不同，仍必須尊重對方」。

舉例來說，過去的上級總在晚上或假日傳訊息給部屬。但若在現代發生這類事情，就會引起眾人不滿（見右頁圖）。

過去的主管總要求部屬要為公司盡心盡力，但時代改變，現代的主管會避免在晚上或假日期間打擾員工，讓他們能好好休息。

11

委任領導，不等於放任管理

關鍵字 ☑ 委任、放任、信用、信賴

……即使對某件事的認知只出現一點差異，仍可能產生極大誤會。

主管越尊重部屬意見，越容易陷入某個陷阱——讓部屬誤以為「自己已獲得認可」。為了避免發生這類情況，主管必須意識到委任和放任是不同的概念。

簡單來說，若主管能具體講出部屬的工作意義，就能稱為委任（也可以說是託付，見左頁圖），反之，如果回答的很曖昧，不表態，就是放任。同樣的，如果主管能基於事實，回應部屬的不滿，就是委任，如果只能臆測，則是放任。

委任，就是能明確說出部屬的工作內容

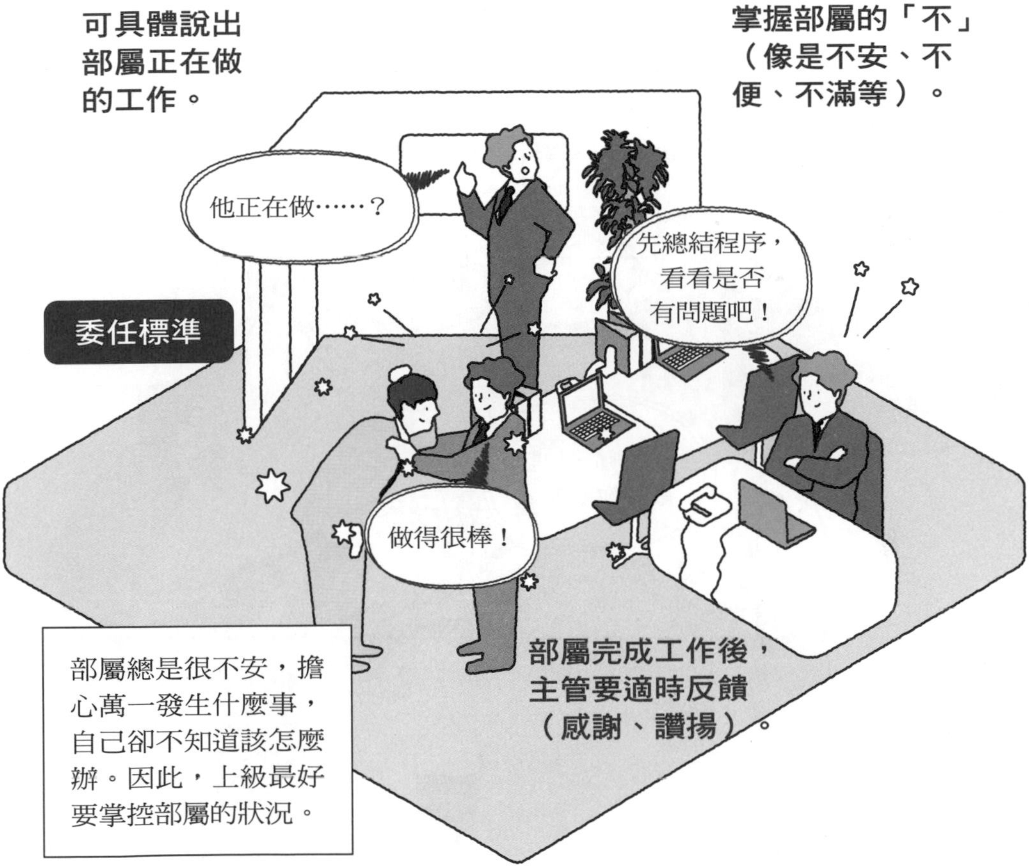
可具體說出部屬正在做的工作。
掌握部屬的「不」（像是不安、不便、不滿等）。
他正在做……？
先總結程序，看看是否有問題吧！
委任標準
做得很棒！
部屬總是很不安，擔心萬一發生什麼事，自己卻不知道該怎麼辦。因此，上級最好要掌控部屬的狀況。
部屬完成工作後，主管要適時反饋（感謝、讚揚）。

強化彼此信賴感的一句話

此外，信用和信賴也不同。信用，是根據對方過去的實績和言行舉止，來評估對方是否值得相信。而信賴則指連某人人格都能完全相信，甚至包含對未來的期待，可說是十分沉重的詞語。

該怎麼做才能讓部屬信賴自己？**關鍵就是主管要適時展現出「非常重視部屬」、「認同對方」的態度**（見右頁圖）。

翻翻就會的管理學

偶爾示弱，部屬更信你

有些主管為了不讓部屬的失誤影響團隊進度，要求對方要完全按照自己下的指令執行，但這麼一來，會讓部屬以後不敢自己做決定，也讓他們深感壓力。

其實更好的做法是，跟部屬分享自己的失敗經驗。對於比較晚進入部門的部屬來說，主管可說是近乎完美的存在。可是，透過分享失敗經驗，能讓部屬意識到「原來主管也跟我一樣會犯錯」。

除了分享失敗經驗，主管可以接著說自己如何振作，最後成為主管的過程，如此一來，部屬會對主管產生親切感，以及「就算工作做不好，只要努力振作，也能成長」的安心感，進而變得更加獨立。除此之外，主管分享自己處理犯錯的方法，能讓部屬在碰到問題時，知道可以怎麼行動。

另外，碰到以新人為主的活動，例如舉辦迎新會等，主管可以試著放手，讓他們自己主導。

天底下沒有完美的人，主管不需要在部屬面前展現完美姿態。偶爾的示弱，反而更能增進彼此的信賴關係。

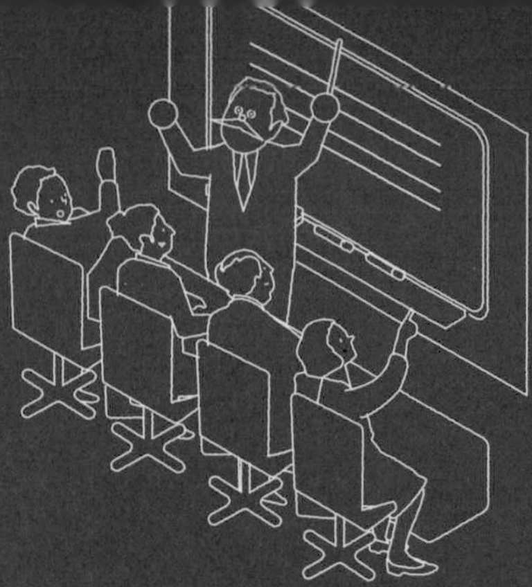

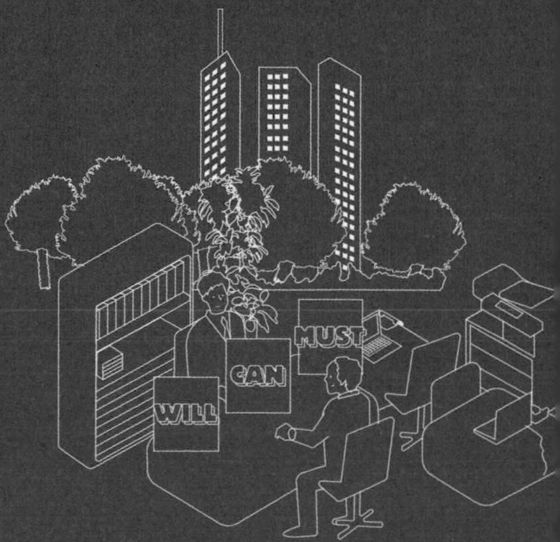
MUST
CAN
WILL

這樣激勵，馬上有績效

主管的指導方式，會深深影響部屬的成長幅度。

01

新人能不能成長，關鍵在前三年

關鍵字→☑黃金年齡

只要不斷交辦工作給新人，對方就能大幅成長。

員工剛進公司的前三年非常重要。研究人與組織的機構 Recruit Works 研究所公布某調查證實，「主管的培訓方式會深深影響員工，且其影響會在員工入職第四年展現出來」。換句話說，在新進職員徹底獨立前，主管的指導會給員工帶來極大的影響。

也就是說，若主管沒委派工作讓部屬挑戰，自然看不到部屬成長（見左頁圖）。相反的，只要主管在這個時期積極委派工作，部屬便能快速提升能力。

不能因為新人「太嫩」，就不分派工作給他

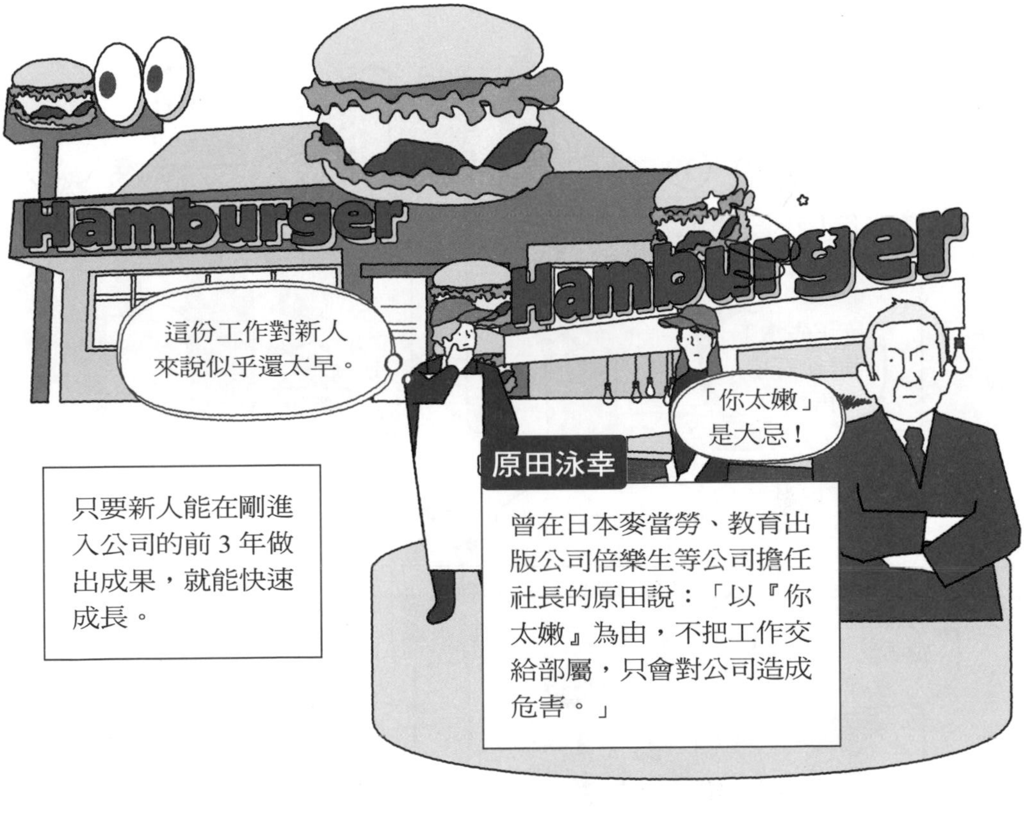
Hamburger
Hamburger
這份工作對新人來說似乎還太早。
「你太嫩」是大忌！
原田泳幸
曾在日本麥當勞、教育出版公司倍樂生等公司擔任社長的原田說：「以『你太嫩』為由，不把工作交給部屬，只會對公司造成危害。」
只要新人能在剛進入公司的前 3 年做出成果，就能快速成長。

一件工作所做成的成果，會牽動下次成長

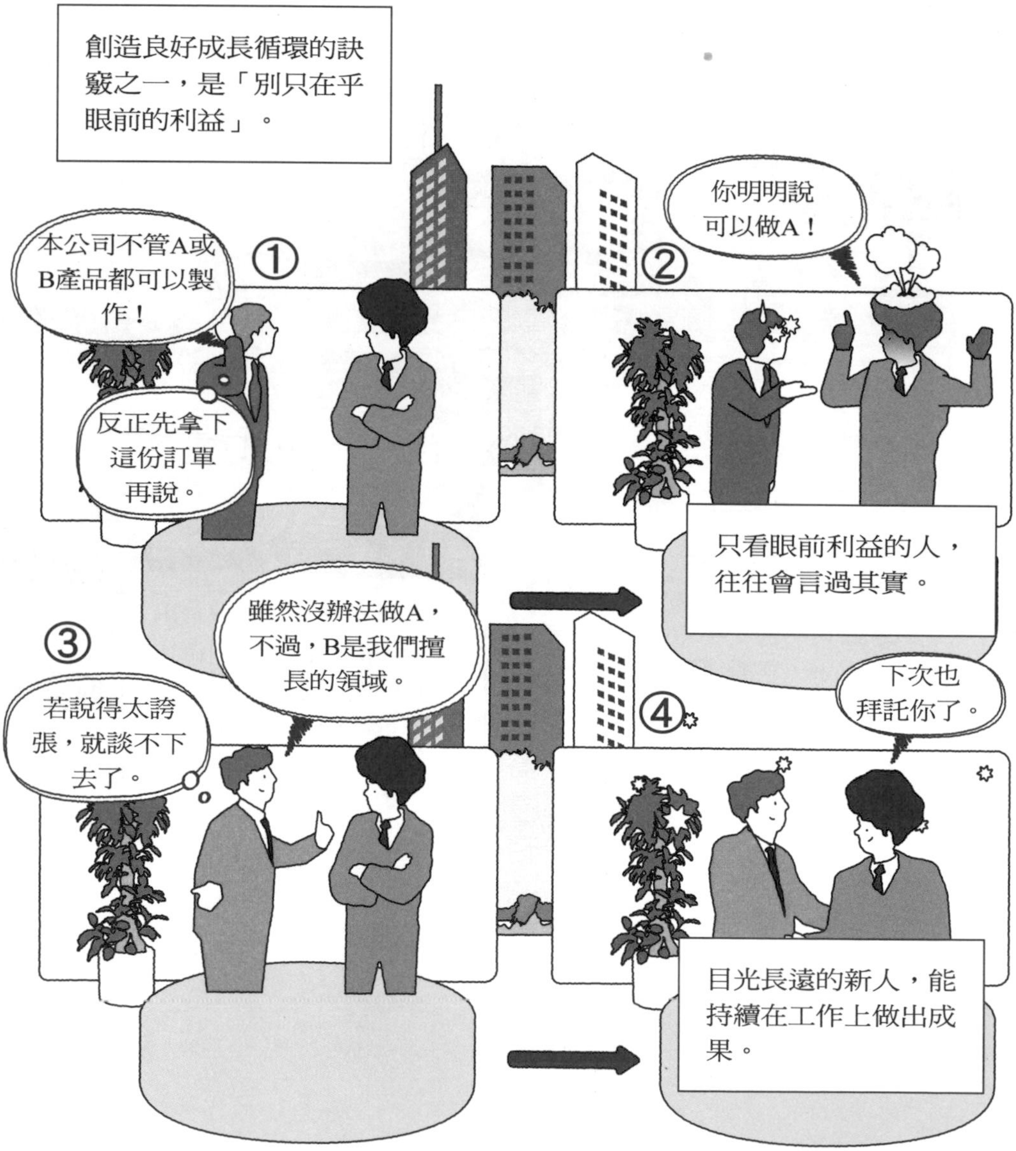
創造良好成長循環的訣竅之一，是「別只在乎眼前的利益」。
①
本公司不管A或B產品都可以製作！
反正先拿下這份訂單再說。
②
你明明說可以做A！
只看眼前利益的人，往往會言過其實。
③
若說得太誇張，就談不下去了。
雖然沒辦法做A，不過，B是我們擅長的領域。
④
下次也拜託你了。
目光長遠的新人，能持續在工作上做出成果。

運動員有一段能力快速成長的「黃金年齡」，而對於**上班族**而言，**黃金年齡**是**進公司後的前三年**。

在這段期間成長的人，能持續做出成果，是因為把工作視為「線」而非「點」，所以一件工作所做出的成果，就會牽動出下次的成長。透過工作打造良好的成長循環，新人就能蛻變成一流的商業人士（見右頁圖）。

02

這年頭，努力不再被視為是理所當然

關鍵字 ↓ ☑ 搭檔制度

主管做判斷前，要先聽聽部屬的想法、理解他的立場。

許多人在成為主管後，往往會把自己的標準強加給部屬（見左頁圖）。比起自己的意見，主管更該先聽並試著接納部屬的意見。**理解部屬的想法及弄清產生那種想法的原因，是非常重要的事情**。

除此之外，了解部屬所處的立場或環境，也很重要。舉個例子，假設某部屬是家庭工作兩頭燒的職業婦女，主管完全沒問過部屬的想法，直接判斷：「她要照顧家庭，所以不

不強加自己的想法給部屬

主管得先聽部屬怎麼說，接著一點一點的傳達自己的想法。

在團隊內建構互助合作的機制

能讓她的工作負擔太重，重要的工作還是交給別人處理好了。」這就是把自己的標準強加對方身上。

這時，應在團隊內部建構搭檔制度等可靠機制，藉此讓部屬充分發揮實力（見右頁圖）。透過這種機制，讓團隊成員互助，主管就能毫無罣礙的交辦工作。

03

當工作只剩義務，就無法維持幹勁

關鍵字 ↓ ☑ 願景

許多主管都希望激勵部屬，要他們努力實現目標（如做到多少業績等）。在談論這件事前，應先告知願景（希望團隊或未來變怎樣），部屬才願意跟隨你。

有些主管會對部屬喊話：「要達成目標！」、「就用這種方法完成吧！」但這樣做卻可能摧毀團隊，導致團隊無法動彈。

部屬不是為了達成（公司的）目標而進公司，也就是說，**當工作只剩下義務**（一定要做到的事），**就沒辦法維持幹勁**（見左頁圖）。

若要實現目標，主管必須讓部屬產生成就動機。例如在陳述目標前，先跟部屬說**未來**

想完成目標，不等於要強加義務給部屬

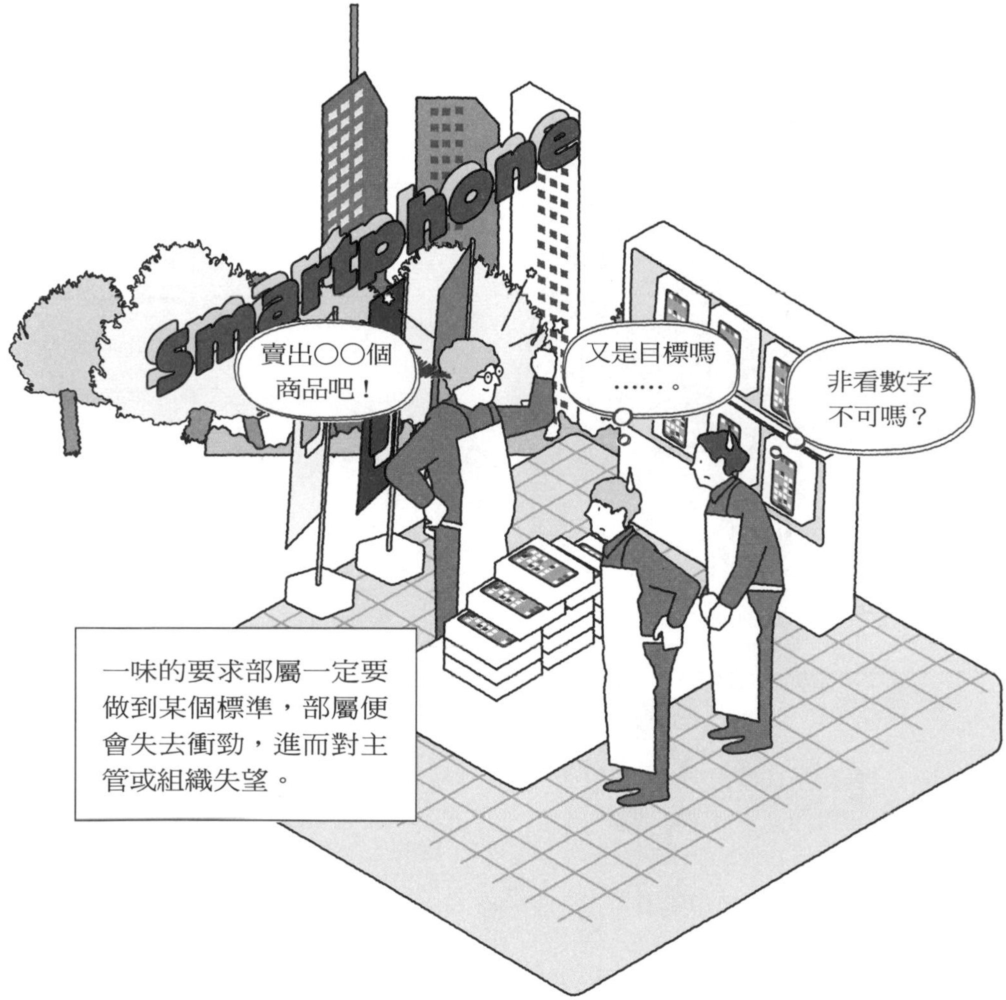

闡述願景，讓部屬有動力

談論「達成那個目標有什麼意義？」、「我們的工作能否改變社會？」，能刺激員工產生工作動機。

願景、夢想或是理念「為什麼要達成目標」（見右頁圖）。

不要只提「銷售新商品」，而該說「這款新商品能為使用者的生活帶來多少益處」，主管要像這樣，向部屬說明工作的意義。

04 有趣，會讓人全力以赴

……一旦部屬覺得工作無趣，就會失去衝勁。

關鍵字 ☑工作風格

如果部屬覺得工作很乏味，就無法提起幹勁（見左頁圖），反之，只要工作夠有趣，部屬自然有衝勁。但遺憾的是，並非所有工作都能引起大家的興趣。所以，主管必須教導部屬怎麼讓工作變有趣。

例如，主管可以分享自己的**「工作風格」**——從事這份工作時絕不妥協的事情——藉此提供部屬找到工作樂趣的線索（見一三四頁圖）。

工作不有趣，部屬沒幹勁

只要主管分享自己的工作風格，部屬就能找到工作的價值和趣味。

NHK的紀錄片《專家・工作的風格》，專門介紹在各種不同領域大放異彩的專業人士，那些專家在節目中談論自己的作風，相當值得參考。專注自己的風格，工作就會變得有價值、更有趣。工作上的專業知識當然非常重要，不過，主管更該幫助部屬保持動力、不鬆懈。

05

激勵的誘因與動因

關鍵字 ☑ 誘因、動因、WILL-CAN-MUST法則

為了提高部屬的衝勁，就必須了解維持衝勁的誘因和動因。

日本心理學者田尾雅夫，把誘發動機的要素分成誘因（Incentive，又稱為外在動機，指薪水或升遷等身外之物的欲求）和動因（Drive，又稱為內在動機，指好奇心或探求心等心理內在的欲求）（見左頁圖）。在這兩種要素中，主管應該準備的是符合部屬需求的誘因。

在思考部屬的動機時，可以參考WILL-CAN-MUST法則（見一三八頁圖）。WILL

誘發動機：誘因和動因

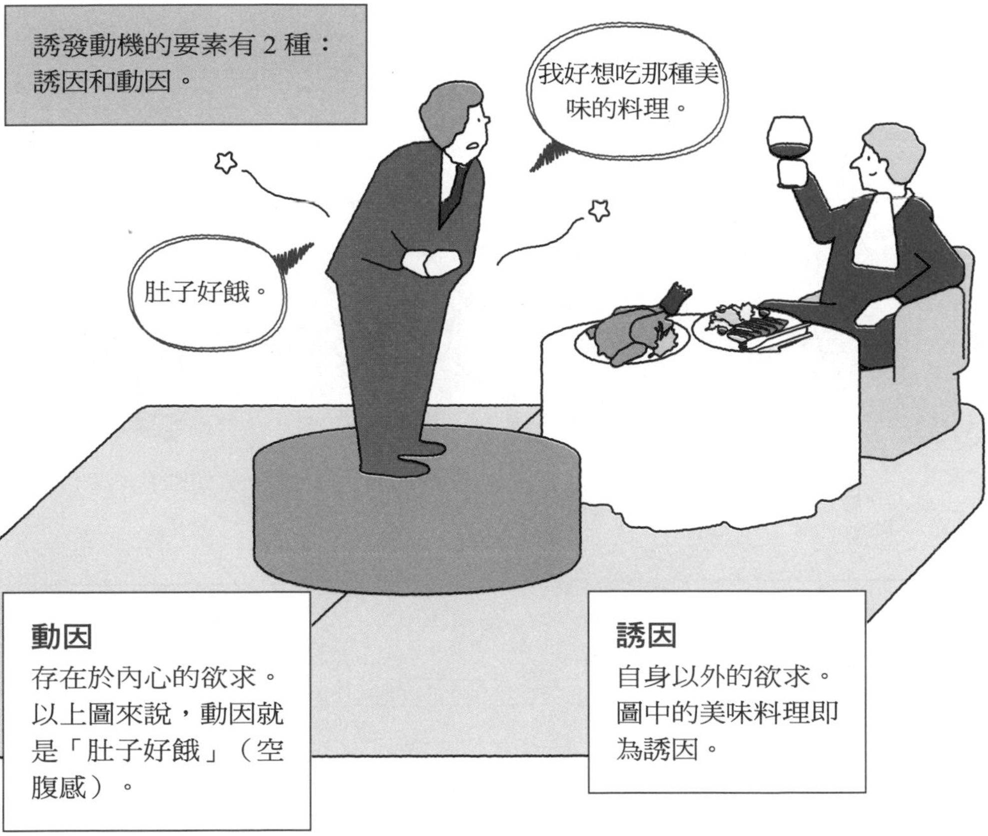
誘發動機的要素有 2 種：誘因和動因。
我好想吃那種美味的料理。
肚子好餓。
動因
存在於內心的欲求。以上圖來說，動因就是「肚子好餓」（空腹感）。
誘因
自身以外的欲求。圖中的美味料理即為誘因。

利用 WILL-CAN-MUST 法則，提高動機

我希望將來成為那樣。
匯整部屬的 WILL、CAN、MUST，就能大幅提升他的動機。
WILL（想做的事）
WILL
「想做那個」、「想成為那樣」等欲求。
充滿幹勁！
我對這個領域有自信。
這是我的工作。
CAN
本人的能力，覺得「自己能辦到」、有自信的事。
MUST
被託付的業務等事情。
CAN
（能做的事）
MUST
（該做的事）

是想做的事，CAN是能做到的事，MUST則是該做的事。

只要利用這三種要素，就能大幅提升部屬的動機。若想有效運用這個法則，可透過面談或請部屬填寫表格等方式，確實掌握部屬的WILL-CAN-MUST。

06

你的優勢，就是你樂在其中的那件事

關鍵字 ↓ ☑優勢

把工作託付給缺乏自信的部屬前，要提高他們的能力，有效運用其優勢，以建立自信。

部屬如果對自己完全沒有自信，就算這時把工作委派給他，只會讓對方感受到強大壓力，甚至無法發揮原本的實力。主管在交辦工作前，必須先讓部屬擁有自信。由於能力跟技能是自信的基礎，因此，**主管要幫部屬創造機會，以提升並掌握工作所需能力與技能**（見左頁圖）。

只要能有效運用優勢——有信心做得比他人更好，同時自己也樂在其中的事物——部

幫部屬培養可以增加自信的能力

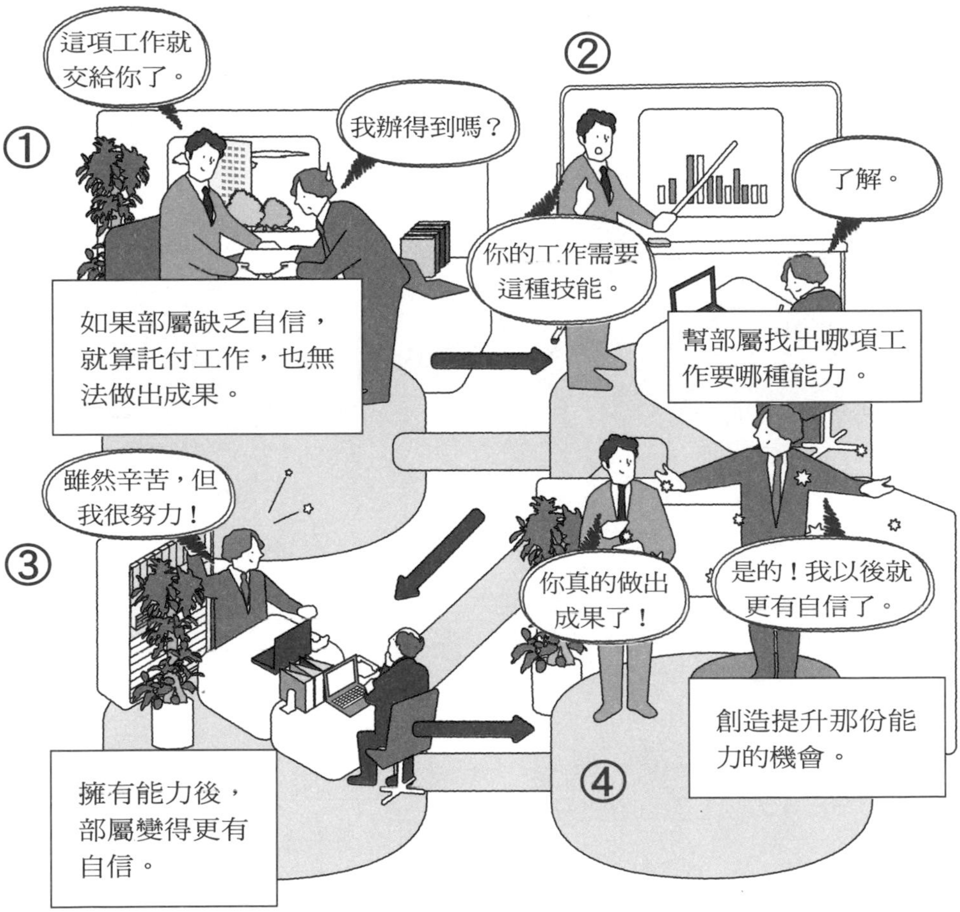

找出他尚未用到的優勢

優勢有 2 種

有效運用部屬的優勢，可提升其自信。英國研究機關應用積極心理學中心，把優勢定義為「比他人更得心應手、樂在其中的事物」。

①

正在運用的優勢
指部屬已經在當前工作充分發揮的能力。

善用電腦技能。
我在學生時期是球隊隊長，不知道能否運用這項優勢？
A的速度好快！
效率真好！

②

尚未運用的優勢
指過去曾用過，但沒在當前工作活用的優勢。

屬就能更有自信。

這時，主管除了要想辦法讓部屬持續活用現有優勢外，還要確認部屬是否有尚未運用的能力（見右頁圖）。如果部屬能在工作上發揮尚未活用的優勢，他們會強烈感受到自己有所成長。

07

用SMART法則定目標

關鍵字➡☑SMART法則、一小步

給部屬難易度適中的工作，他們就能逐漸成長。

設定團隊目標也是主管的任務。如果目標設定的太簡單，不費吹灰之力就能做到，那麼這目標就毫無意義。若目標過於困難，導致沒人能實現，也會讓部屬的動力下滑。

不過，**只要主管把目標設定稍微難一點但有努力就能做到，團隊便會成長**（見左頁圖）。以約有七〇％部屬能達成當作標準就可以了。此外，也別忘記激勵剩下三〇％部屬「下次一定能做到」。

以約有70%部屬能達到當作標準

重點

以週為單位，把目標分成數個小目標，就比較容易達成。這種方式稱為一小步（Small Step）。

透過SMART法則，設定明確目標

1981 年，管理顧問喬治・杜蘭（George Doran）提倡的 SMART 法則，以 5 個元素來作為目標設定的標準。

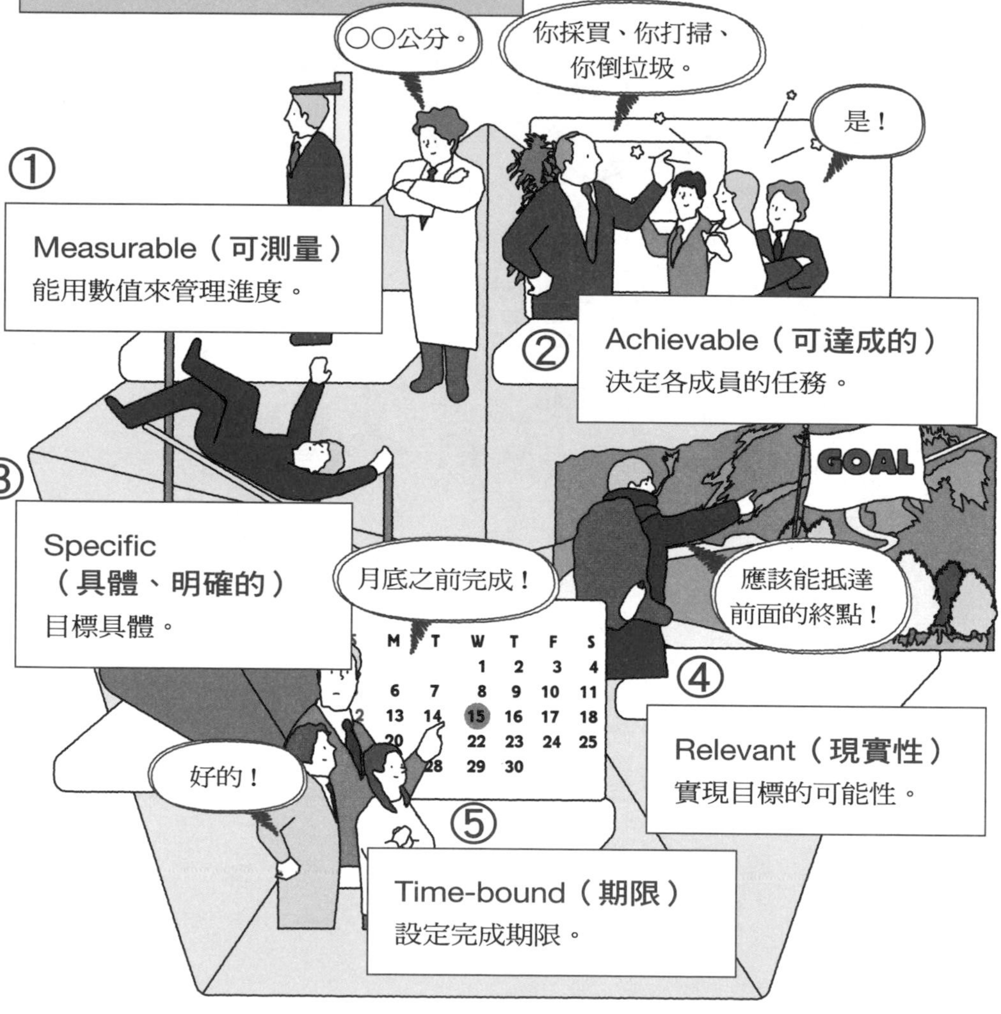

設定目標時，只要運用SMART法則，便可擬定出由五個要素構成的有效目標，包括：「目標要具體」、「能用數字來管理」、「明確分工」、「實現目標的可能性」、「期限」。詳細說明見右頁圖。

記住，把目標拆解成數個小目標（一小步）也是非常重要的。

08

減少非必要的文書工作

關鍵字 ↓ ☑ 業務過多、排除思考法

資訊氾濫，導致公司業務不斷增加。為了改善這樣的狀況，就必須排除掉多餘的工作。

根據日本總務省發行的《資訊通信白皮書》顯示，在二〇〇一年至二〇〇九年間，人們發出的資訊增加約兩倍，進而導致要做的事情跟著增加。可是，與此同時，收益卻沒有增加。

如左頁圖所示，明明資訊遽增，日本的國內總生產毛額（GDP，一個區域的經濟活動中，所產出的成果之市場價值，為國家財富的指標）卻沒有增加。由此可知，現代出現

業務量增加，企業的收益卻沒增加

削減多餘的業務

主管不能一直丟新工作給部屬做，應該在交付一項工作時，把部屬原本負責的工作轉給其他人處理。

如果毫無顧慮的一直丟新工作給部屬處理，會導致對方做不完，而十分疲累。

把某項新工作交給部屬時，要說：「由你處理○○。●●不用做沒關係。」藉此減少部屬手上的工作。

越來越多無用的資訊。

若要改善這種情況，就必須排除工作（見右頁圖）。例如，停止製作非必要資料及避免收發無用郵件。另外，主管給部屬一項工作的同時，也必須減少他手上一項工作，「我希望你先彙整這份資料，而你手上的作業，就先交給別人處理！」

09

不加班，才是常態

「加班是常態」、「長時間工作更棒」這種想法過時了。

關鍵字
以不加班為前提

主管交辦部屬的工作時，應以不加班為前提。前文也說過，主管必須理解部屬所處的立場或環境。不論是誰，都可能因為照護、育兒或升遷進修等問題，而無法加班（見左頁圖）。所以主管更要了解，「理所當然要加班」，等同於職權騷擾。

並不是說絕對嚴禁加班，畢竟工作性質不同，有些公司在忙碌時期，難免要加班才能完成手上的事。但旺季以外的時期，要以不加班為前提，更彈性的安排工作。

強迫部屬留下加班，也是職權騷擾

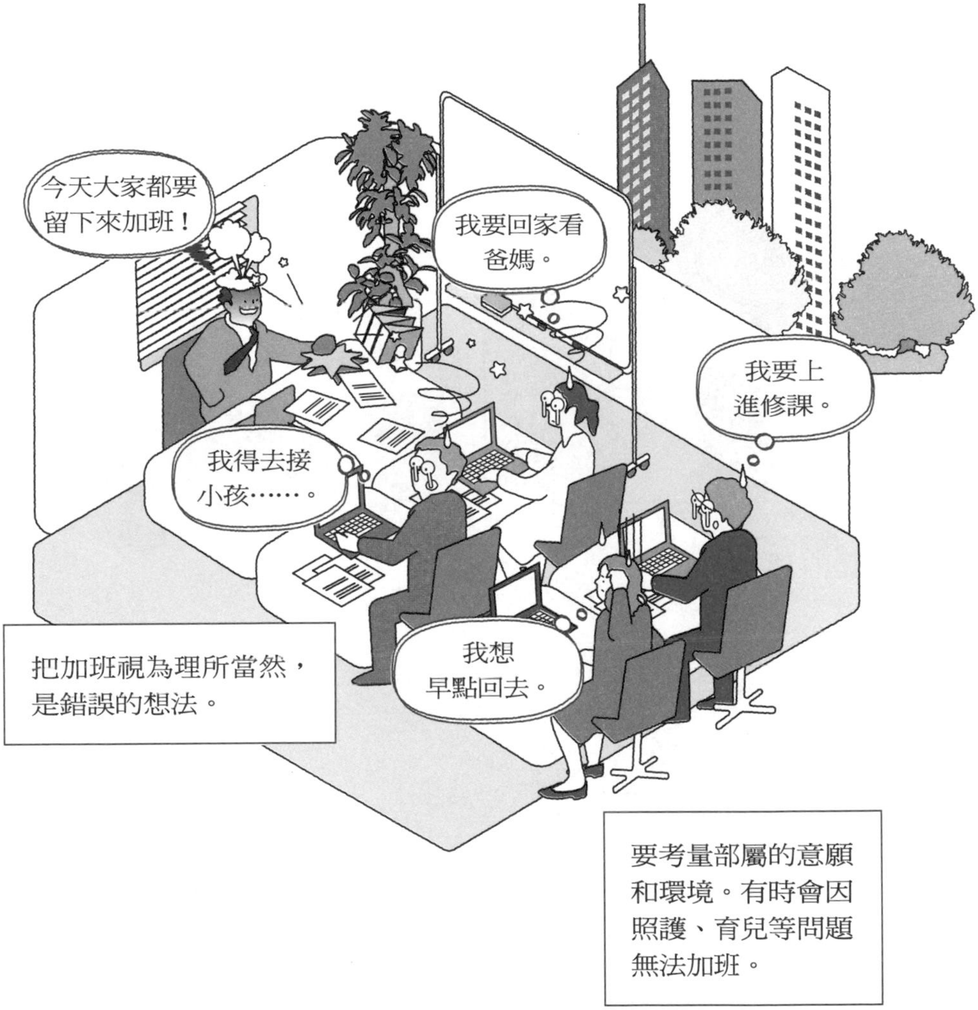

管理工作量並提升效率

為了避免加班，主管必須管理工作量，想辦法提升部屬的效率。

主管要確實指導部屬在時間內完成工作，不能讓員工上班時偷懶，之後靠加班來完成工作。另外，**建構就算不過度努力也能做出成果的機制，也很重要**（見右頁圖）。不能只看工作量是多是少，也要想辦法提升效率。

10

好的工作手冊，菜鳥也能有成效

關鍵字 ➡ ☑ 高績效、定型化

主管必須創建一個機制，確保任何人都能做出成果，而非一味責怪部屬做不好。

若要打造一個能做出成果的團隊，必須建構一個系統，讓能力不強或經驗少的人仍可以做出結果。舉例來說，很多組織都會製作業務專用的手冊，而**製作手冊時，就要以高績效者（高成就者）為範本**（見左頁圖）。

只要團隊能依照手冊內容自發的行動，自然能實現良好的成長循環。其中，建立機制和明確評估標準就是關鍵。

製作手冊，以高績效者為範例

重點

製作手冊時，步驟和指令要清楚且詳細，並明確指出部屬需要努力的地方。

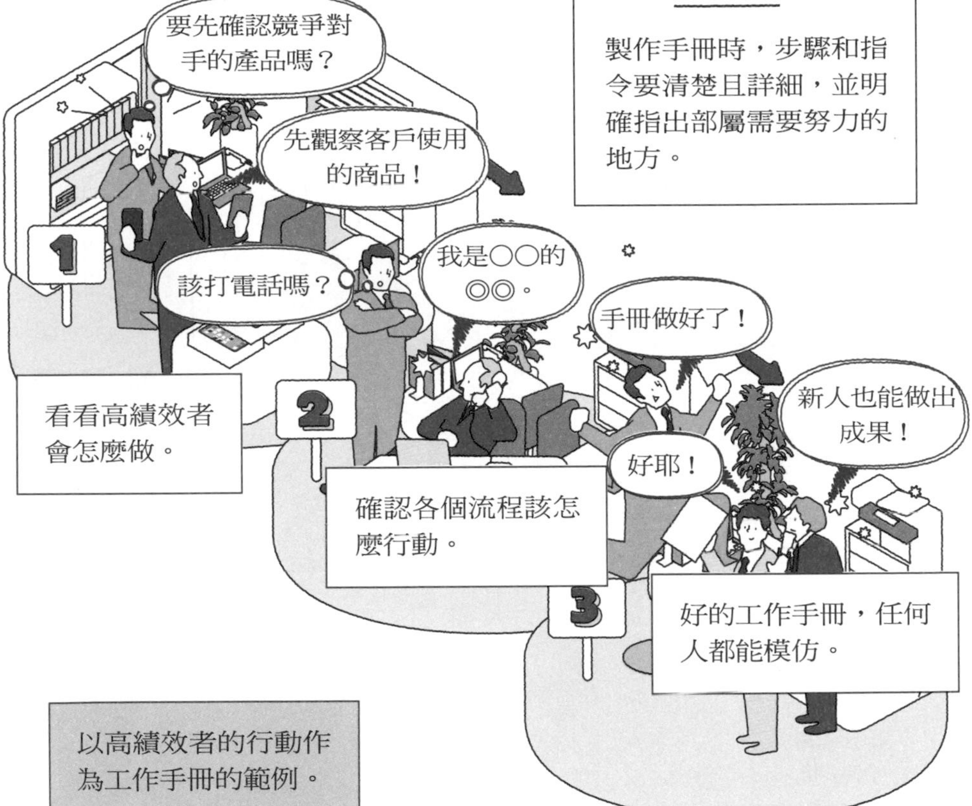
要先確認競爭對手的產品嗎？
先觀察客戶使用的商品！
1
該打電話嗎？
看看高績效者會怎麼做。
我是○○的◎◎。
2
確認各個流程該怎麼行動。
手冊做好了！
新人也能做出成果！
好耶！
3
好的工作手冊，任何人都能模仿。

以高績效者的行動作為工作手冊的範例。

建構機制時，評估標準要明確

加班較少的人，可以加薪！
要盡快完成工作才行！
現在不是偷懶的時候！
原來如此！
光是叫大家快點完成工作是沒用的！
其他部門的人
如果希望減少加班時間，可提出「只要加班時間減少〇小時，就能加薪」的機制。部屬就會自動且快速完成工作。

11

如何對年長部屬下指令？

關鍵字 ↓ ☑ 年長的部屬

主管應尊重年長部屬的經驗或技能等，但絕不能當單純的協調者或傳聲筒。

因為專職增多、人才流動化關係，年長部屬逐漸增多。根據日本產業能率大學的調查結果顯示，過半數課長的底下都有年長或資深部屬。

面對年長部屬時，有些主管會因年齡而不敢對他們下指令。但主管不能只當傳達公司或團隊方針的傳聲筒。如果主管的工作只剩替上層或部屬傳話，就會被部屬瞧不起，認定「還是直接跟更高層的主管溝通比較快」（見下頁圖）。

不過，主管只要遵守三個原則：**「明確表示判斷標準」**、**「成為對方的後援」**、**「展**

主管的任務是交辦，而非替部屬傳話

（按：這張圖由下而上看。）

重點

根據 Recruit 研究機構調查，年長部屬不僅擁有許多經驗，而且年齡越大，越容易認為自己有下決策的權力。

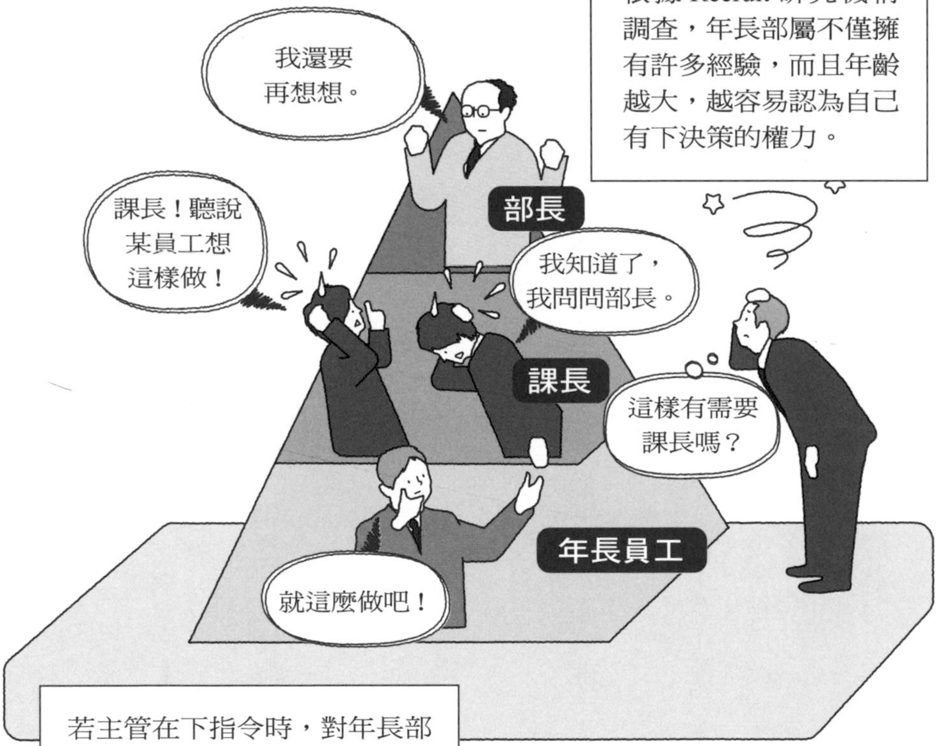

若主管在下指令時，對年長部屬有所顧忌，就容易被輕視，使年長部屬認為：「我直接越級報告，反而比較快」。

讓年長員工分享經驗並運用

（按：①和②，要由下而上看。）

①

②

現出虛心受教的態度」，會更容易與年長部屬共事（見上頁圖）。

另外，也不能忘記誇獎、認同、期待對方。當你不得不斥責他時，應該在警告、斥責之後，讓對方知道自己「其實很信賴他」。當對方談論過往經驗，感到充實的瞬間，也能有效提高對方的工作衝勁。

12 資深員工老摸魚，怎麼逼他拿出實力？

關鍵字 ➘ ☑高標準委任

如果年長部屬經歷非常豐富，主管必須注意他是否視情況偷懶，並想辦法讓對方充分發揮實力。

資深員工的問題在於他們善於走捷徑、打混摸魚。他們會根據過去的經驗判斷，「做到差不多這個程度就夠了」，然後不全力以赴。當自己旗下有資深員工時，主管必須想辦法讓對方發揮出最強實力（見下頁圖）。

管理資深員工的最佳手段不是教導或輔導，而是委任（見一六五頁圖）。重點如下：

1. 主管以較高標準提出明確的要求。

看見資深員工打混摸魚，怎麼辦？

資深員工善於視情況偷懶。所以主管必須善盡管理，使他們發揮正常實力。

資深員工很愛面子，所以主管很難對他的工作指手畫腳。但放任不管，對方的工作效率就會降低。

面對資深員工，你得這樣下指令

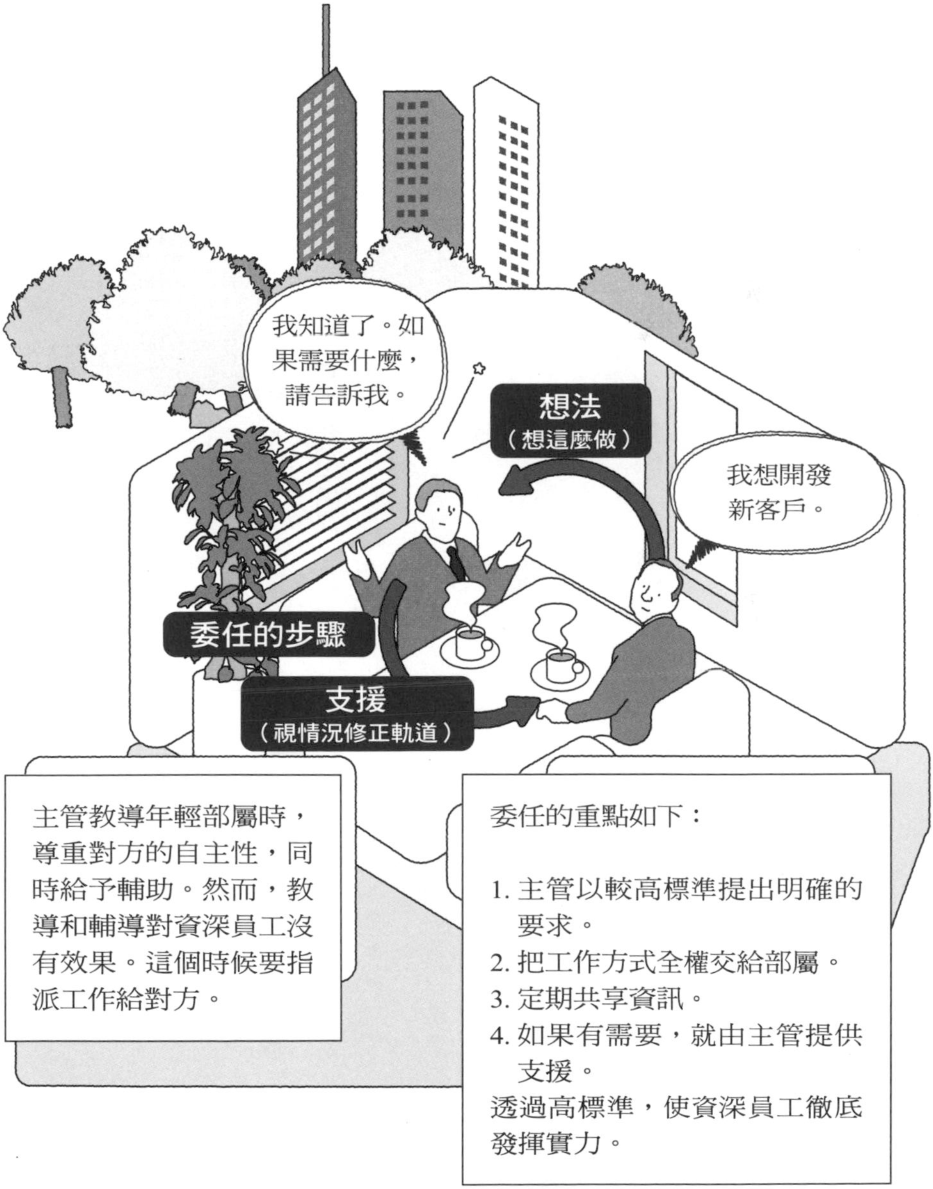

主管教導年輕部屬時，尊重對方的自主性，同時給予輔助。然而，教導和輔導對資深員工沒有效果。這個時候要指派工作給對方。

委任的重點如下：

1. 主管以較高標準提出明確的要求。
2. 把工作方式全權交給部屬。
3. 定期共享資訊。
4. 如果有需要，就由主管提供支援。

透過高標準，使資深員工徹底發揮實力。

2. 把工作方式全權交給對方。
3. 要求部屬定期向主管報告。
4. 若有需要，就由主管提供支援。

第一點能讓資深員工徹底發揮出最強實力。另外，工作全權交給對方，不代表可以放任不管，所以透過第三點定期共享資訊，非常重要。

13 當部屬的表現比自己還優秀？

關鍵字 ☑主管的作用

……主管和員工的角色定位不同，需要的能力也不同。

有一些主管會因部屬不夠精明而傷腦筋，也有主管會因部屬太過能幹而產生不少複雜情緒。

其實不需要煩惱這點。因為主管和部屬的定位不同。就像在運動比賽中，表現平平的選手卻成為知名教練，也沒有什麼好稀奇的（見下頁圖）。

就算主管在員工時期的能力比部屬差，也沒關係。只要主管比部屬抱有更多「提高團隊效率」的熱忱就夠了。

名教練不等於名選手

喬・梅登（Joe Maddon）是大谷翔平在美國職業棒球大聯盟的教練。梅登曾獲頒 3 次最優秀教練獎，但他當選手時從沒被選入大聯盟。
主管和部屬的必備能力截然不同。就算部屬的表現比自己更優秀，也不用在意。

主管的任務不是自己變優秀，而是帶領團隊成長

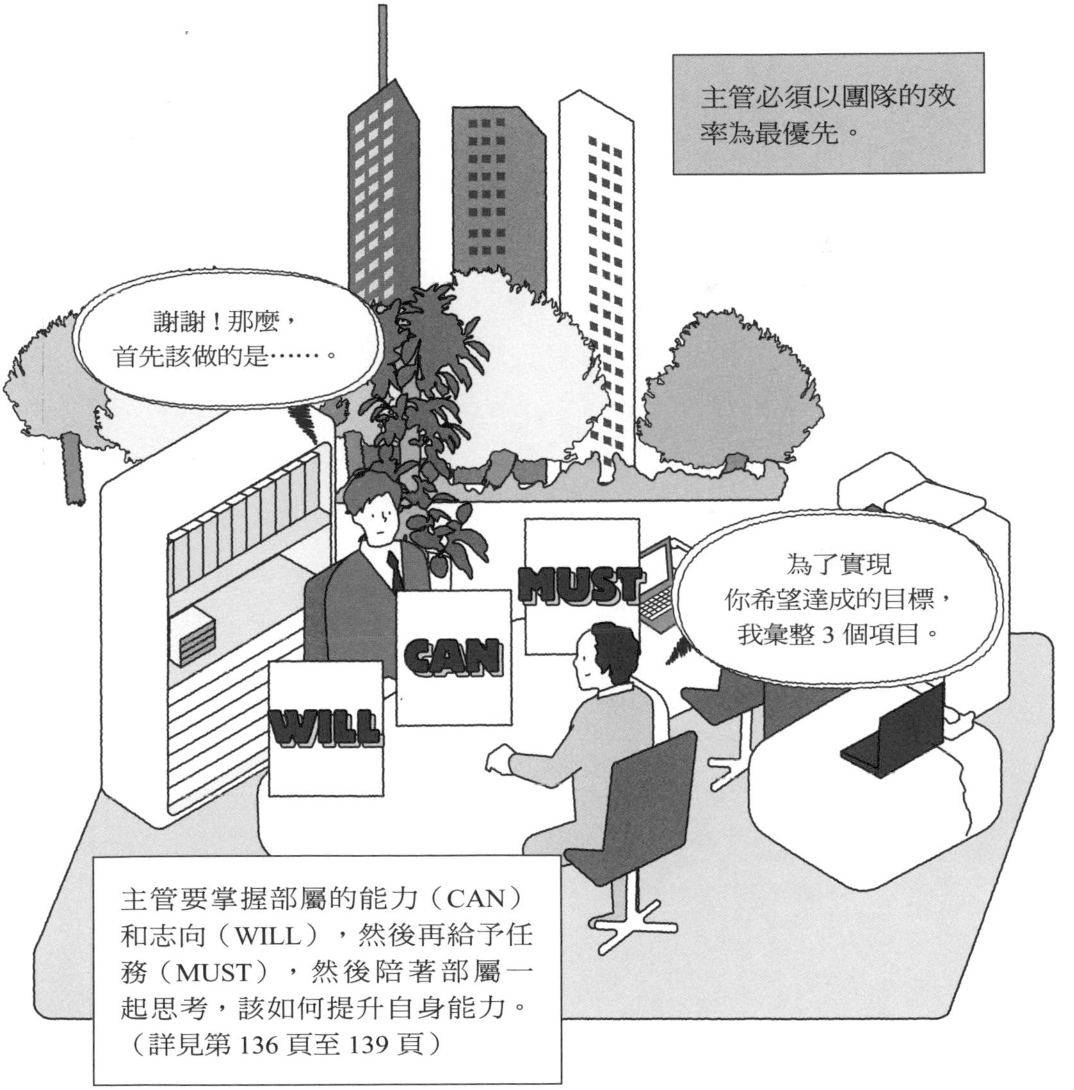
主管必須以團隊的效率為最優先。
謝謝！那麼，首先該做的是……。
為了實現你希望達成的目標，我彙整 3 個項目。
MUST
CAN
WILL
主管要掌握部屬的能力（CAN）和志向（WILL），然後再給予任務（MUST），然後陪著部屬一起思考，該如何提升自身能力。（詳見第 136 頁至 139 頁）

身為帶領團隊的領頭羊，主管必須是最認真的人。為了提高團隊效率，主管需要掌握成員的優勢與志向，賦予適當的任務，並努力提升他們的優勢（見上頁圖）。

14 絕不容許叛逆部屬踩底線

改變態度惡劣部屬的最佳手段，就是展現出主管的鐵腕。

關鍵字 ↓ ☑ 權限

一般來說，多數部屬都能好好聽從主管的指示，但有時難免碰到態度叛逆的，對此，主管必須採取適當的管理。最好的方法就是和對方多談談，更加理解彼此想法（見下頁圖）。如果這樣就能改變部屬的態度，當然是最好，如果仍然沒有辦法解決問題，就需要**展現出主管的鐵腕**（見一七三頁圖）。

鐵腕使用方法有幾種方式。例如，出現奧客時，主管可以用強硬且嚴肅的態度表示：「我們不做你的生意。」部屬看到這種情況，自然會了解「主管不容許他人踩到底線」、

為了看主管的能耐，部屬故意不聽指示

如果你是既有團隊的新任主管，有些部屬會為了「見識你的能耐」，擺出冷漠態度。
我被任命為〇〇課長。
他能做到哪種程度？
看看他的能耐。
和部屬多交談是改善關係的正攻法。如果仍沒有改善，請採取下頁圖介紹的鐵腕手段。

適時展現人事權限，部屬乖乖聽指令

在態度叛逆的部屬面前，主管要行使權限。讓其他人知道主管是「一旦被惹怒，會相當可怕」，這麼一來，自然會改變態度。

「對奧客下逐客令」、「對態度不佳部屬行使人事權」等，都是非常適合展現鐵腕的情境。

「主管生起氣來十分可怕」。

這麼一來，叛逆的部屬就會改變態度，部屬對主管的印象，會成為主管的強大武器。

另外，讓他們了解人事權限掌握在主管手中，也是不錯的方法。

翻翻就會的管理學

理解Z世代

不論在什麼時代，人與人之間都會因各世代的特徵差異而產生代溝。現在，每間公司逐漸出現Z世代員工，也就是於一九九〇年代後半至二〇一〇年代初期出生的人。

若要避免與這些部屬產生代溝，可試著掌握其特徵，就能充分理解年輕人的想法。

首先，主管必須記住該世代在接受義務教育時，曾被教導要尊重彼此的想法，因此，他們擁有更加圓滑的人際關係。他們會說暖心話語，避免給對方施加壓力或者是使用刺耳語句。也就是說，他們對強硬的警告、嚴厲的字眼感到不適，因此，主管下達聽起來不合理的指令或強硬的想法，都讓Z世代十分抗拒。

此時主管也不能大聲喝斥：「給我好好做！」反而要關心、了解部屬是怎麼想的，然後拿出依據，確實傳達自己的想法。

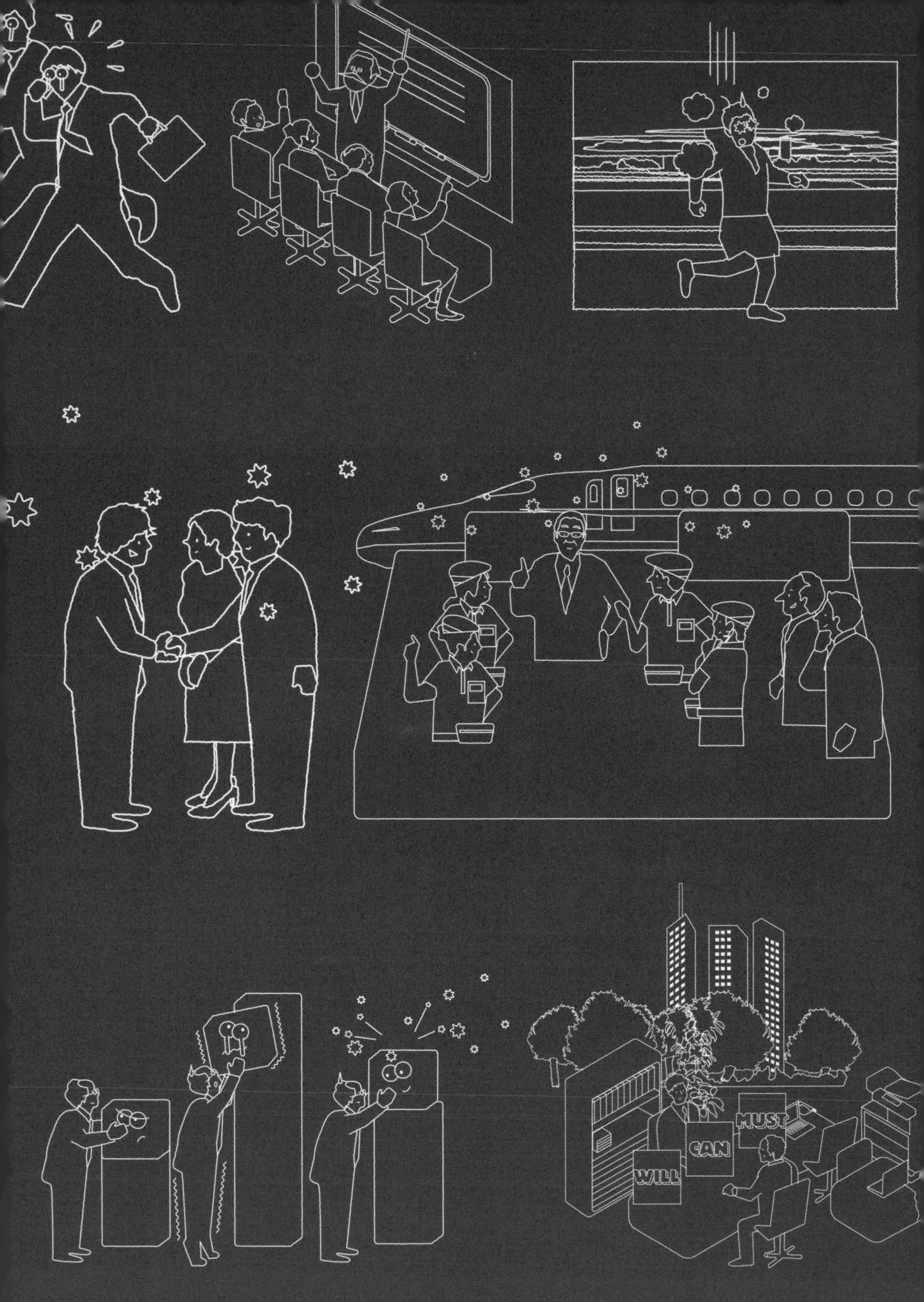
MUST
CAN
WILL

4 LEADERSHIP notes

怎麼說，部屬愛聽？
怎麼問，部屬想說？

主管和部屬溝通不良，不僅無法營造出舒適的環境，也會降低工作效率。

01 分享剛剛好的私生活

主管在交辦工作前，最好能掌握部屬的生活狀態。

關鍵字 ↓ ☑ 私生活

在現代，許多主管不願意干涉部屬的私生活，甚至在面試新人時，他們也會避免提出跟工作無關的事。然而，**為了打造最強的團隊，主管必須了解部屬的部分私生活，也是不爭的事實**（見左頁圖）。舉例來說，主管要知道某位部屬因照顧家人或育兒等原因，而無法配合加班。

若要掌握部屬的生活狀態，應從其他話題切入（見一八〇頁圖）。例如：「什麼時候

交辦工作前，先確認部屬的生活狀態與情緒

今天要加班。
我得早點回家照顧雙親。
加班
私生活
工作
照護
育兒

如果部屬不願意公開自己的私事，主管不能強迫他們講出來。

部屬也有自己的生活。若總是以工作為優先，就會累積壓力。

重點

根據人力顧問公司瑞可利的調查，很多部屬認為，主管願意主動閒聊跟生活有關的話題，能拉近彼此距離。

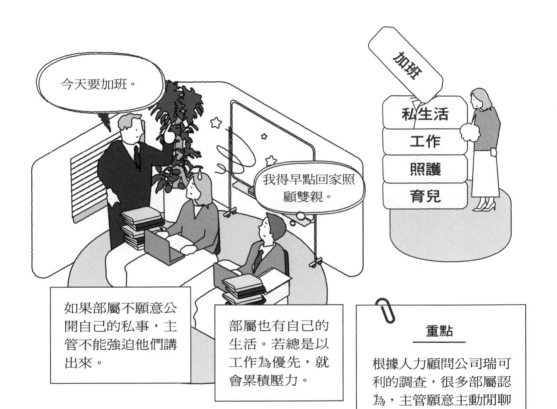

在私人談話中，要慢慢深入話題

休假？」就主管的身分來說，這樣的提問一點都不奇怪。只要詢問假日或休假問題，話題自然能延伸到工作以外的部分。

另外，主管也應該**確認公司近期制度的改變，是否會影響到部屬的生活**。例如，會不會因為「獎金減少」、「假日加班」等問題而影響到部屬的日常規畫。

02

下指令，要簡單到國中生都懂

關鍵字 ↓ ☑ 封印外來語或專業用語

……總是使用艱澀的商業用語，很難傳遞想法給他人。

主管需要對部屬做出各種指示。所以，「怎麼說」對主管而言非常重要。**如果讓對方產生這種想法：「他說的話好難懂。」就沒資格當主管。**

可是，有一些主管很喜歡用「核心競爭力」（Core competence）、「可行性研究」（Feasibility Study）、「ＡＳＡＰ」（as soon as possible，盡快）……多數人不熟悉的商業用語（見左頁圖）。或許他們這麼做是希望自己看起來很專業，但既然是溝通，就要說

中英混雜的晶晶體，好難懂

下指令，要說得連國中生都懂

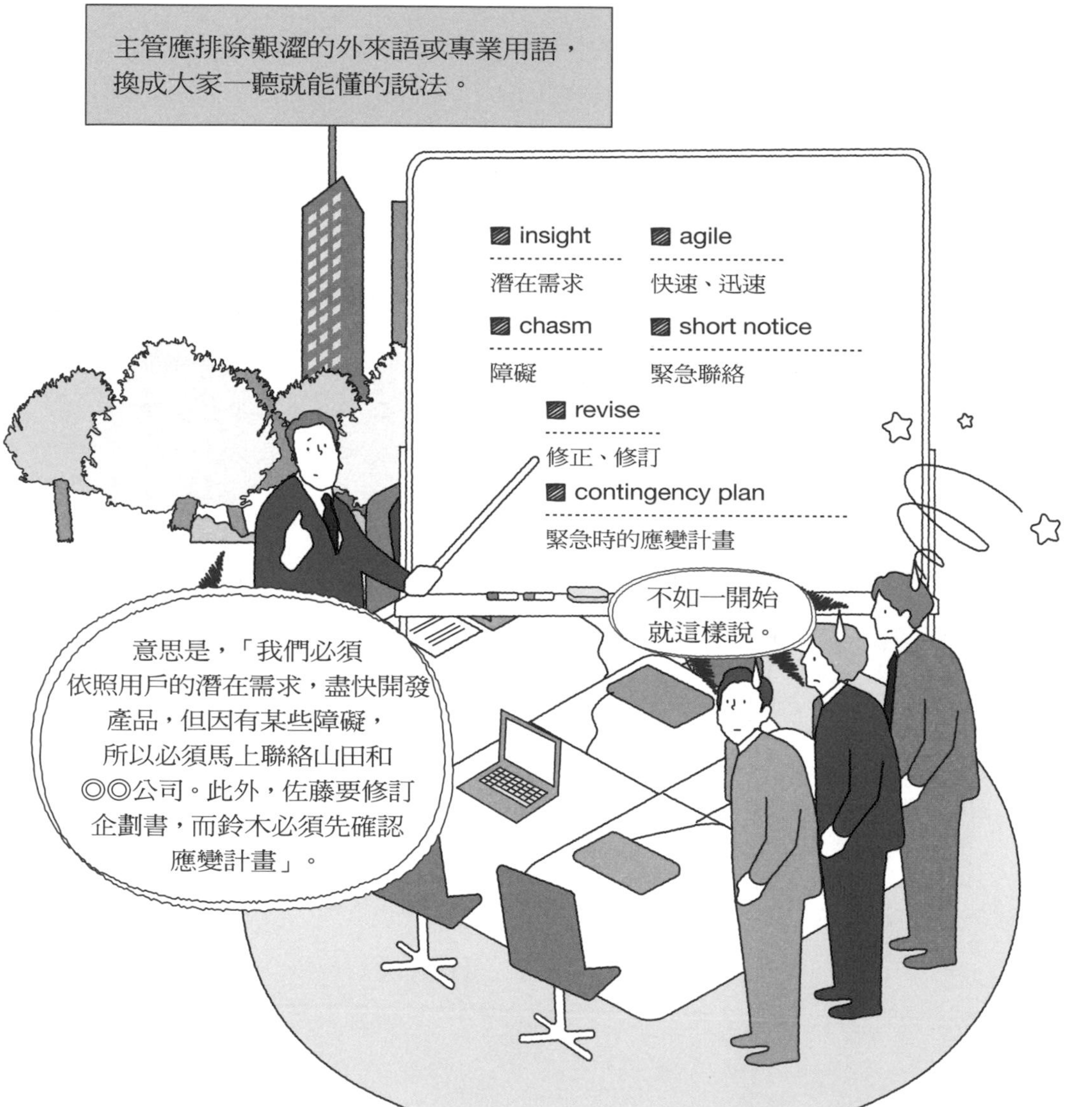
主管應排除艱澀的外來語或專業用語，
換成大家一聽就能懂的說法。
insight
潛在需求
agile
快速、迅速
chasm
障礙
short notice
緊急聯絡
revise
修正、修訂
contingency plan
緊急時的應變計畫
意思是，「我們必須依照用戶的潛在需求，盡快開發產品，但因有某些障礙，所以必須馬上聯絡山田和◎◎公司。此外，佐藤要修訂企劃書，而鈴木必須先確認應變計畫」。
不如一開始就這樣說。

的淺顯易懂，才能清楚傳遞訊息（見右頁圖）。

前文提到的核心競爭力，是指超越其他競爭公司的能力；可行性研究則指在計畫前所進行調查或研究；ASAP的意思是盡可能快速。

這些名詞都可以置換成更簡單的說法。基本上，除了大家熟悉的名詞外，其他比較陌生的外來語或專有名詞都應避免使用。隨時注意自己的用詞，**盡可能使用連國中生都聽得懂的說法。**

03

給新人下完指令，他要複誦

……主管需要仔細教導新人，但又不能過度干涉。

關鍵字
☑ 5W1H

如何教導毫無相關知識或經驗的新人？主管可以用5W1H（見左頁圖），細心且明確的帶領新人做事，並確認對方是否還有不清楚的地方，最後再請他複誦一次。

但主管在指導時，要避免演變成微觀管理（Micromanagement，參考三四六頁至三四九頁）。

所謂的微觀管理，是過度檢視且干涉部屬的每一個行動，可說是一種不信任部屬的表

用5W1H明確教導新人做事

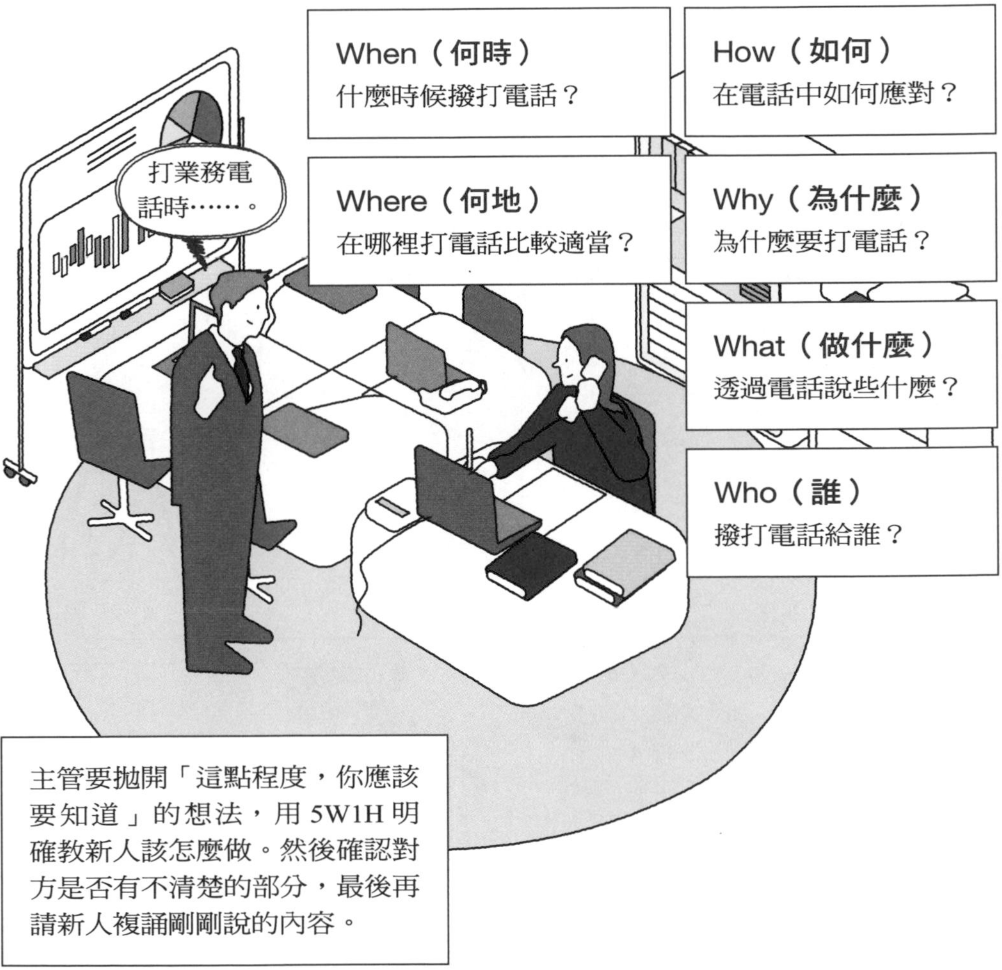
打業務電話時……。
When（何時）
什麼時候撥打電話？
Where（何地）
在哪裡打電話比較適當？
How（如何）
在電話中如何應對？
Why（為什麼）
為什麼要打電話？
What（做什麼）
透過電話說些什麼？
Who（誰）
撥打電話給誰？

主管要拋開「這點程度，你應該要知道」的想法，用5W1H明確教新人該怎麼做。然後確認對方是否有不清楚的部分，最後再請新人複誦剛剛說的內容。

不要過度干涉部屬的每個行動

只有現在會仔細教你喔！
手要這樣。
主管過分檢視和干涉部屬的每一個行動，就稱為微觀管理。這會妨礙部屬成長、獨立。
不好意思，我不知道怎麼騎。
我教你！
一開始，要明確告訴部屬：「詳細指導時期，只有剛開始的一個月。」
既然學會怎麼騎，接下來自己多練習吧！
我已經掌握訣竅了！
為了鼓勵部屬自行思考，可以在較早階段把教學模式切換成輔導（參考 190 頁至 193 頁）。如果部屬還是無法掌握訣竅，再改回教學模式。
重點
希望對方大小事都照自己心意行事的主管，容易落入微觀管理的陷阱。

現，會讓對方感到難以喘息。為了避免這種情況，應該從最初的教學時期就把詳細內容教導給部屬（見右頁圖），讓部屬自行思考、行動。

04 幫助部屬自己找答案

結束一對一指導後，接著是輔導，透過對話，主管幫部屬找答案。

關鍵字 GROW模式

部屬因教學而有所成長後，接下來要進行輔導，這是幫助部屬自己找到答案的管理方法。不同於循序漸進的教，輔導重視的是部屬的獨立能力。本書推薦的輔導方式是GROW模式。該模式可分成五個步驟（見左頁圖、一九二頁圖），依序為：

1. 明確目標（Goal）。

利用GROW模式，讓部屬自己找答案

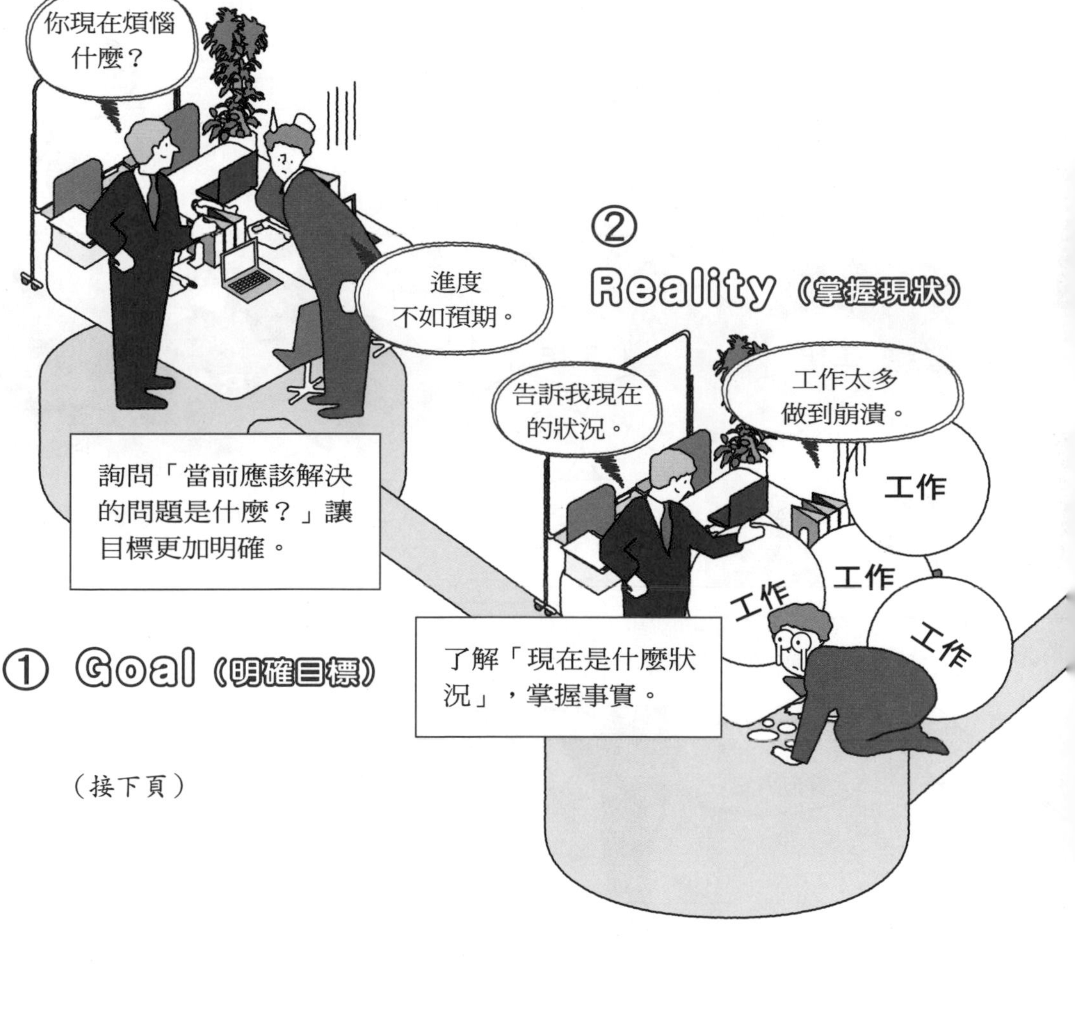

（接下頁）

GROW 模式是前賽車手，同時也是教練權威的約翰．惠特默（John Whitmore）開發的方法。最重要的是讓部屬自己說出答案，絕對不能由主管直接解答。

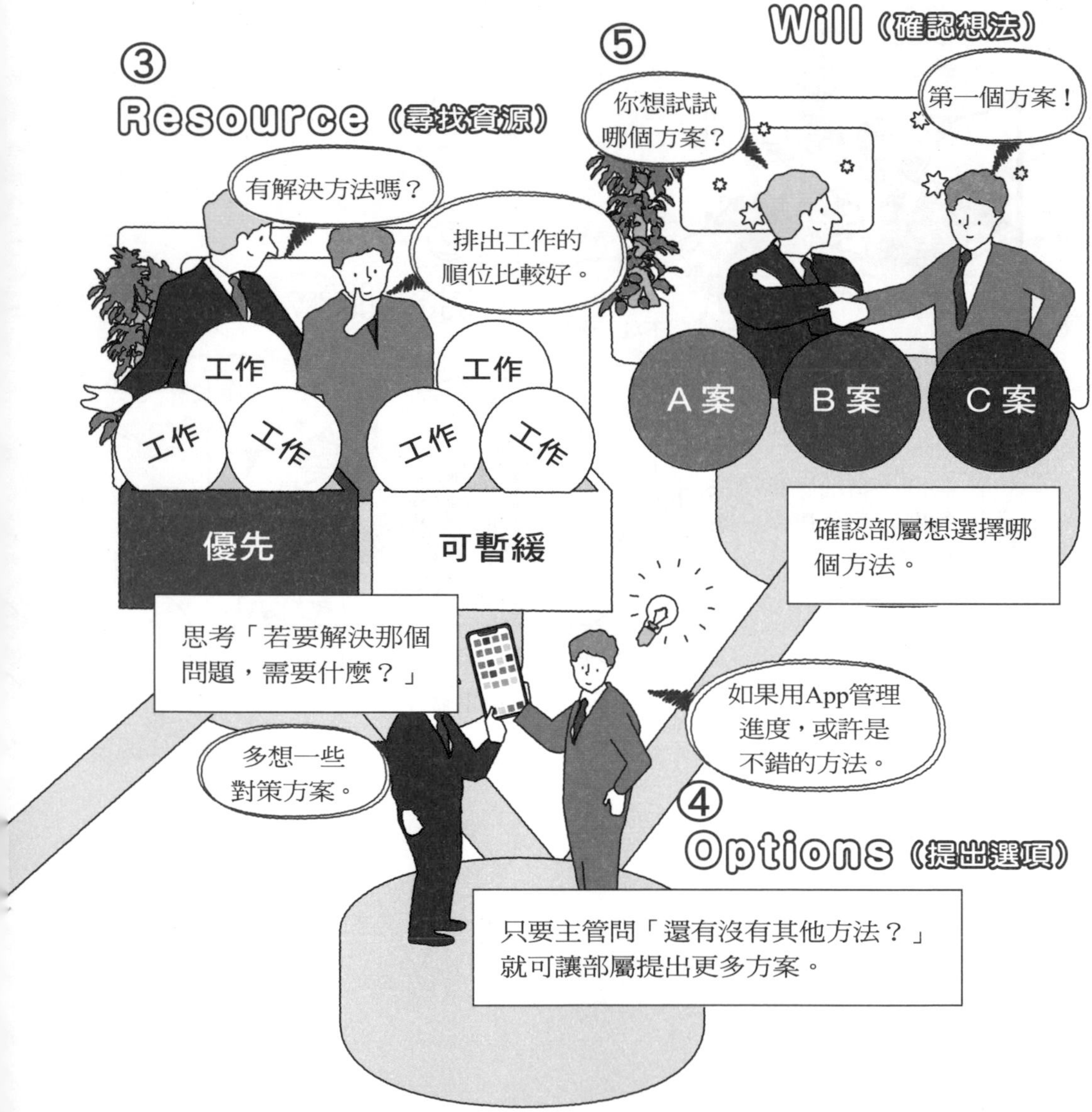

2. 掌握現狀（Reality）。
3. 思考有什麼資源可以解決問題（Resource）。
4. 提出幾個對策，想辦法解決問題（Options）。
5. 向部屬確認，「要採用哪個方法來解決問題」（Will）。

最重要的是，所有答案都必須由部屬自己提出，主管不要誘導。透過累積這樣的經驗，就能不斷提升部屬的獨立能力，以及碰到某些狀況時找出關鍵問題的能力。

05 一對一面談，不能純閒聊

……一對一會議能有效建立主管和部屬的信任。

關鍵字
☑一對一會議

經調查發現，新冠疫情爆發後，約有七〇%企業導入一對一會議——顧名思義就是指主管扮演好的傾聽者和部屬單獨對談。不同於一年一次的績效面談，這種一對一面談大約是每週或每個月一次，實施週期更短。可以說，**一對一會議能消除溝通不良，進一步建立信任關係。**

可是，很多企業會讓一對一面談流於形式。為避免發生這種問題，請參考左頁圖的四

一對一會議分的 4 個步驟

毫無計畫的對談，只會讓一對一會議淪為閒聊。請依照本頁圖介紹的 4 個步驟，好好的與部屬交談吧！

步驟 1
破冰
最近忙嗎？
消除對方的緊張，先從輕鬆的閒聊開始。
步驟 2
確認身心狀態
身體還好嗎？
詢問部屬的身心健康狀態。
步驟 3
誇獎
謝謝你幫我指導新人。
表揚部屬在工作上的良好表現。
步驟 4
傾聽
最近有沒有什麼問題？
最重要的環節。專注聆聽部屬工作上是否碰到困難。

會議前的準備也很重要

提問範例

- 有沒有個人希望了解的事？
- 職場上有沒有令自己在意的事？
- 業務方面有沒有什麼問題？
- 有沒有想嘗試的事情？
- 有沒有想學習的技能？
- 有沒有想感謝的團隊成員？

一個問題也好，請試著回答。
現在自己最在意的事情……。
對我來說，這是整理思緒的好機會。
了解。

可先把提問表交給部屬填寫。不需要整張填滿。重點是讓部屬提前整理自身想法。

找部屬進行一對一會議時，可條列出希望談論的內容。如此，就能讓部屬了解為什麼要進行一對一會議。

個步驟：破冰（簡單閒聊）、確認身心狀態、誇獎、傾聽。如果沒做任何準備，劈頭就問部屬：「工作有沒有問題？」對方會不知道該怎麼回答，而隨便回應，導致會議變成單純的聊天。所以，不妨按照這幾個步驟進行對話，消除部屬的緊張，讓他能好好的表達現在的工作狀況。

除此之外，主管需要做好事前準備。例如，可以先做一份提問表給部屬，讓部屬在一對一會議前填寫，藉此掌握他的心聲（見右頁圖）。

06 給建議不如多反問

關鍵字 ➡ 原因分析型、問題解決型

主管會提供各種建議給部屬，但比起給建議，提問形式的對話，反而更能激勵部屬。

有些主管看到部屬的某些行為，很想給建議「這樣做比較好吧！」可是，**比起直接建議，透過向部屬問問題，反而更能激勵對方**。

提問可分成兩種：原因分析型和問題解決型（見左頁圖）。

原因分析型，就是透過問「為什麼？」以探求原因，這種形式比較適合部屬精神振奮時使用。而問題分析型，則是藉由問「該怎麼做才好？」來找出對策，比較適合在部屬心

靈活運用兩種提問

當部屬有疑問時，主管先聽對方的意見，而不是直接給建議。只要先總結部屬想傳達的內容，再問「這是你的想法嗎？」即可。

利用提問，找出部屬遇到問題的原因。

以找到解決方案為目的而提出問題。

重要度—自信度模型診斷

該模型能診斷員工處理某問題的衝勁。若認為解決該問題的意義越高，重要度就越高；認為該問題能實現的可能性越高，部屬越有自信。

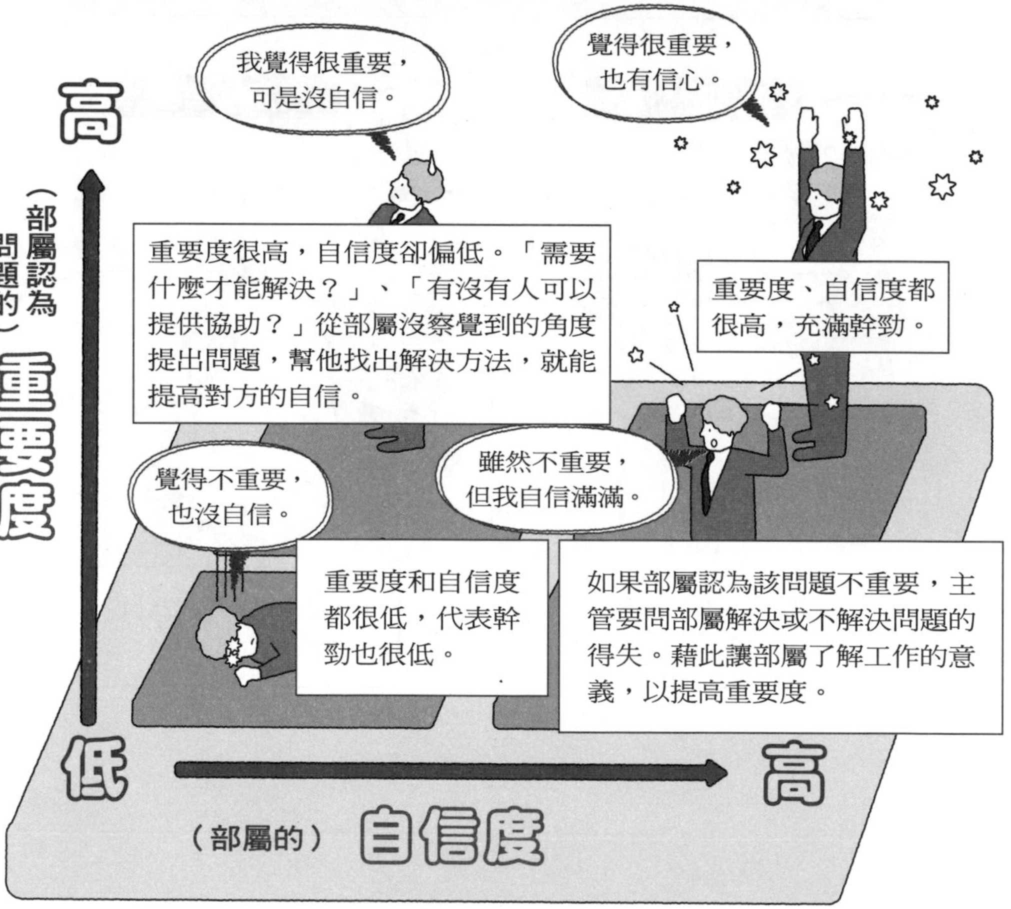

情萎靡時提問。

提問可以用來激勵部屬，也能了解部屬是否有衝勁，進而讓對方意識到工作的意義及解決問題的可能性。在提出問題之前，先用「重要度—自信度模型」診斷部屬的幹勁。如右頁圖所示，該模型將部屬狀況分類成四種。重要度和自信度兩者越高，可以判斷部屬越有衝勁。

07

你還沒開口，他馬上回「我做不到」

關鍵字 ☑定型心態、成長心態

有些部屬還沒開始做就認為自己做不到。透過對話，主管幫部屬擺脫受限的想法。

就算主管下達指令，有些部屬仍會消極的想「我不行」、「肯定辦不到」，這種想法稱為「定型心態」（Fixed Mindset），這類部屬的觀念比較死板。相反的，比較靈活的想法則稱為「成長心態」（Growth Mindset）。定型心態的人往往認為「能力和人是不會改變的」，而成長心態則認為「能力和人是會改變的」（見左頁圖）。

如果要打破定型心態，最有效的辦法就是用提問來擴大對方的想像。由於定型心態就

定型心態vs. 成長心態

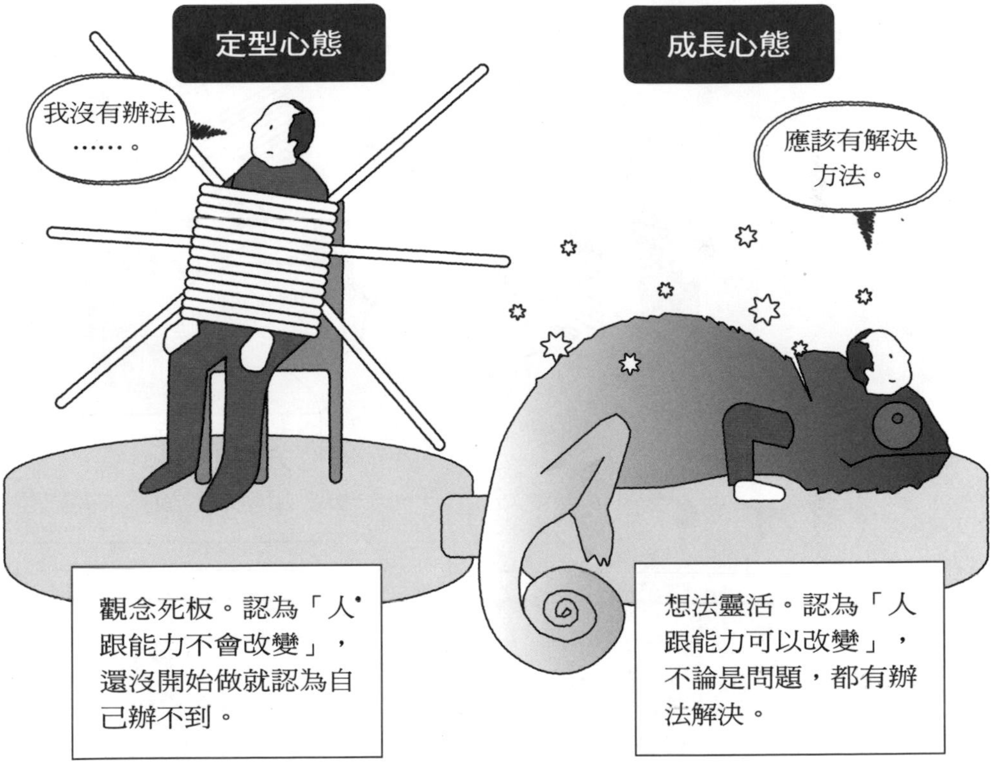
定型心態
我沒有辦法……。
成長心態
應該有解決方法。
觀念死板。認為「人跟能力不會改變」，還沒開始做就認為自己辦不到。
想法靈活。認為「人跟能力可以改變」，不論是問題，都有辦法解決。

靠問問題，打破死板想法

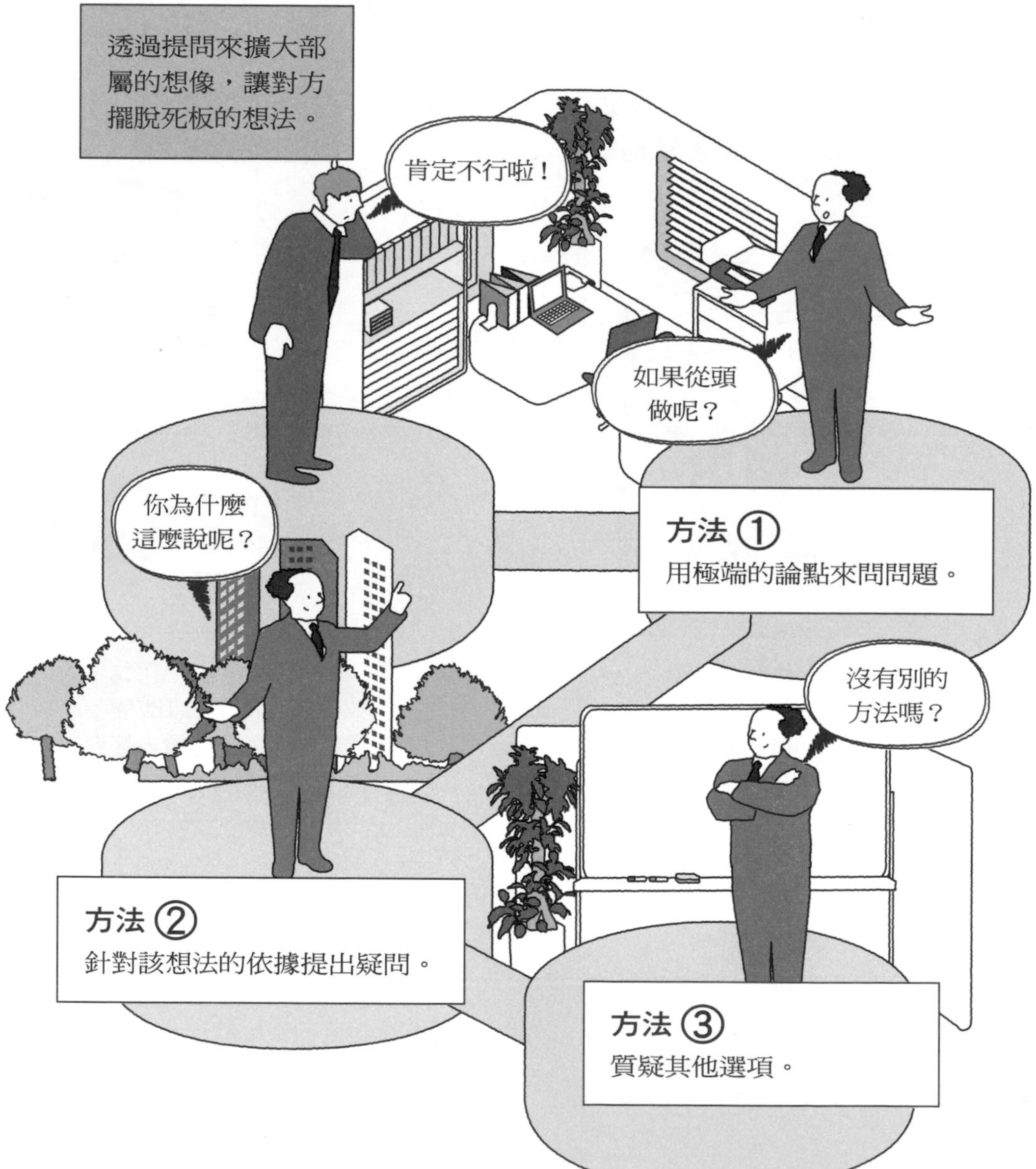

透過提問來擴大部屬的想像，讓對方擺脫死板的想法。
肯定不行啦！
如果從頭做呢？
方法 ①
用極端的論點來問問題。
你為什麼這麼說呢？
沒有別的方法嗎？
方法 ②
針對該想法的依據提出疑問。
方法 ③
質疑其他選項。

是想法受限，所以只要用「極端的論點來問問題」、「針對該想法的依據提出疑問」或是「質疑其他選項」，就可以促進部屬思考（見右頁圖）。

因為想法受限，部屬經常無法解決問題，所以請透過這三種問法，讓部屬的想法越來越靈活。

08 怎麼激勵「我沒什麼特別想做的事」的部屬？

關鍵字 ↓ ☑ WILL

就算問部屬想做什麼，他們往往回答「沒什麼」、「不知道」。不過，只要利用3個will，主管就能挖出連部屬沒察覺到的本意。

主管必須知道部屬在工作中想做什麼事情。可是，就算直接問他們，通常也只會得到這類回覆：「沒特別想做的。」這是因為**部屬完全沒想過自己想做什麼**。想辦法挖掘出部屬內心中真正的想法，是主管的任務之一。

「想做的事情」，相當於第一三六頁至一三九頁提到的WILL-CAN-MUST法則中的WILL。主管要把WILL分成三個等級（見左頁圖），藉此探尋出部屬真正想做的事。

利用3個WILL，找出他真正想做的事

① 近期的WILL

問部屬目前處理的工作中最想做的事。就算他說「想升遷」、「想早點回家」等也可以。

② 未來的WILL

詢問部屬未來想做的事。答案通常是「希望未來能自立門戶」、「擁有幸福的家庭」等與理想未來相關的事。

③ 價值觀

詢問工作上最重視的價值觀。如果無法靠前2個提問挖出答案，就問這個問題。

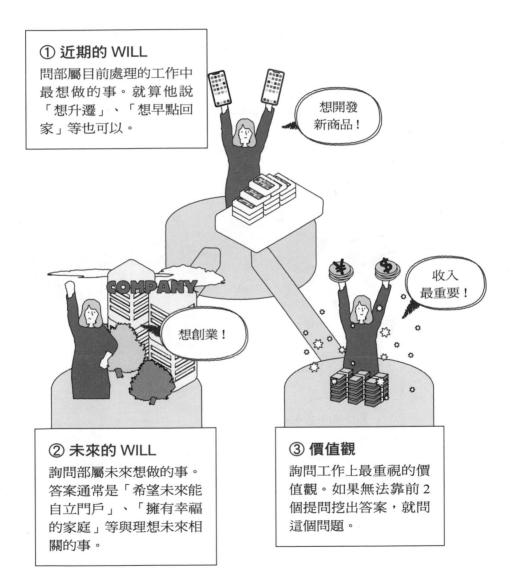

反覆問：「為什麼？」

利用上一頁的方式詢問 WILL 時，別忘記了解背後原因。「為什麼會這麼想？」只要反覆詢問，就能深入理解部屬想做的事情。

所謂的三個等級，包括：近期的 WILL，詢問當前工作中想做的事；未來的 WILL，詢問理想的未來；最後一個是價值觀，詢問工作中最重視的事。基於這些 WILL 進行提問也很重要。

只要反覆問「為什麼你會這麼想？」，就能挖出連部屬本人都沒察覺到的想法（見右頁圖）。

09

聆聽不能光聽，主管要問話

關鍵字 ☑聽、聞、問

有些主管和部屬交談時，會不自覺擺出審問的態度，讓對方很有壓力。不過，只要靈活運用三種聆聽，溝通會更順遂。

和部屬溝通時，可靈活運用三種聆聽（見左頁圖）：

• 聞：聽聞，指自然進入耳朵的聲音或聲響。
• 聽：指試圖理解對方所說的話而聆聽。
• 問：提問想知道的事情。

聆聽分3種：聞、聽、問

救護車好像
剛過。
以上就是
簡報內容。
成本大約
需要多少？
聞
自然進入耳朵的聲
音或聲響。
問
對想知道的事情
提問。
聽
企圖了解對方所說
的話而傾耳聆聽。

利用問與聽進行對話

你的興趣是？
有幾個兄弟姊妹？
假日都怎麼度過？
呃……。
如果對話方式只有問，那麼對談就會演變成審訊，部屬因此倍感壓力。
週末過得怎麼樣？
和同學一起踢室內足球。
好像很有趣。
其實之前有參加比賽拿到第三名。
同時搭配問和聽，就能挖掘出對方想說的話，讓對話更熱絡。

三種聆聽中，如果一味用「問」和部屬對話，對談情境有如審問般，對方會因此倍感壓力。**最重要的是，問和聽應該交互搭配**（見右頁圖），**透過「問」問題，同時「聽」部屬想說的話**，才能知道部屬在想什麼。不光是對部屬，和各種立場的人溝通時，也可以使用這種對話方法。

10 領導者口頭禪：為什麼、怎麼樣、如何

關鍵字→☑為什麼、怎麼樣、如何、as if

和不願意表達想法的部屬交談時，善用開放式提問「為什麼？什麼樣？如何？」或 as if 句型問：「如果有，該怎麼辦？」

要挖出部屬的想法，必須在對話中安插問題。假設不斷提問卻仍然無法順利展開對話，就代表你提出的問題極有可能是「封閉式提問」，此時得使用「開放式提問」（見左頁圖）。

因為封閉式提問的答案只有 YES 或 NO，所以對話很難進一步延伸。開放式提問則用「為什麼？怎麼樣？如何？」等句型，所以對方必須用自己的話語來表達想法。換句話

「為什麼？怎麼樣？如何？」

封閉式提問

這種問法雖能用 YES ／ NO 或簡短單字回答，可是若有想了解的事情，很難用這種問法來延伸對談。

開放式提問

使用「為什麼？怎麼樣？如何？」等詢問部屬，就可以讓對方不自覺表達自己想法。

as if讓對方更容易開口

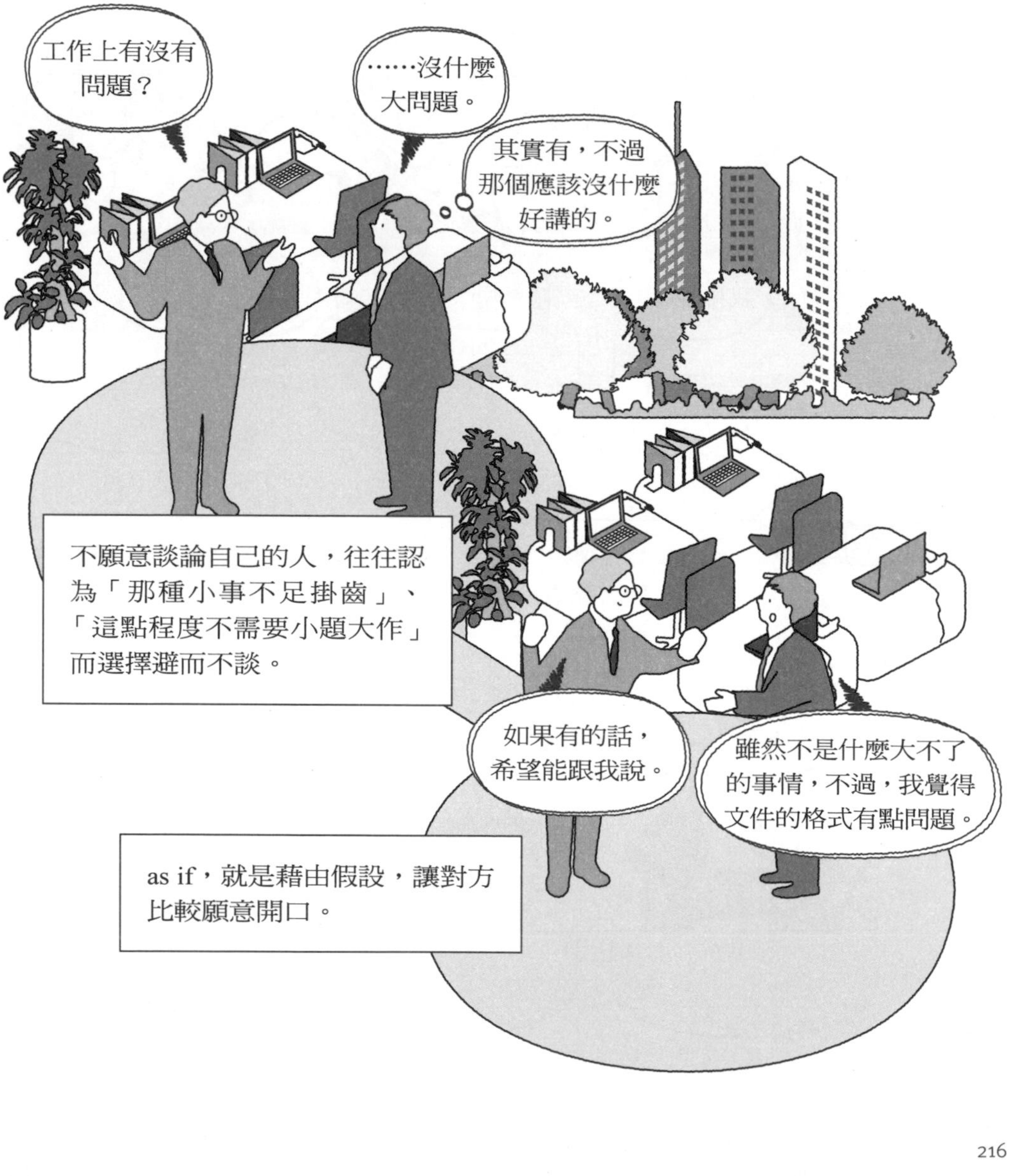

說，和部屬之間的對話，應該使用開放式提問來延伸內容。

面對不太願意表達自己想法的部屬時，就在對話裡面使用「as if」（見右頁圖），也就是以「如果有，該怎麼辦？」形式，促使對方發言。因為提出的是假設性內容，所以部屬比較不會有所顧忌，「講一下應該也沒關係吧！」即便是不著邊際的對話，只要能持續，仍然可以建構起彼此的信賴關係，部屬就更容易敞開心扉。

11

誇獎用錯地方，等於沒誇獎

關鍵字 ↓ ☑積極面子

「為了激勵部屬而稱讚對方，卻完全沒效。」是因為誇錯地方了，所以才無法產生效果。

很多主管為了激勵部屬而誇獎對方。雖說誇讚的確是激勵員工的手段之一，但如果誇錯地方，等於沒誇獎。

舉例來說，就算讚美部屬的工作結果或努力，未必能鼓勵部屬，不過若是誇讚部屬的能力、內心或細心等，就能真正的激勵對方（見左頁圖）。大部分的主管都只誇讚部屬的工作結果與努力，所以沒有辦法打動他們的心。

只要讚美部屬的內心，他就會改變行動

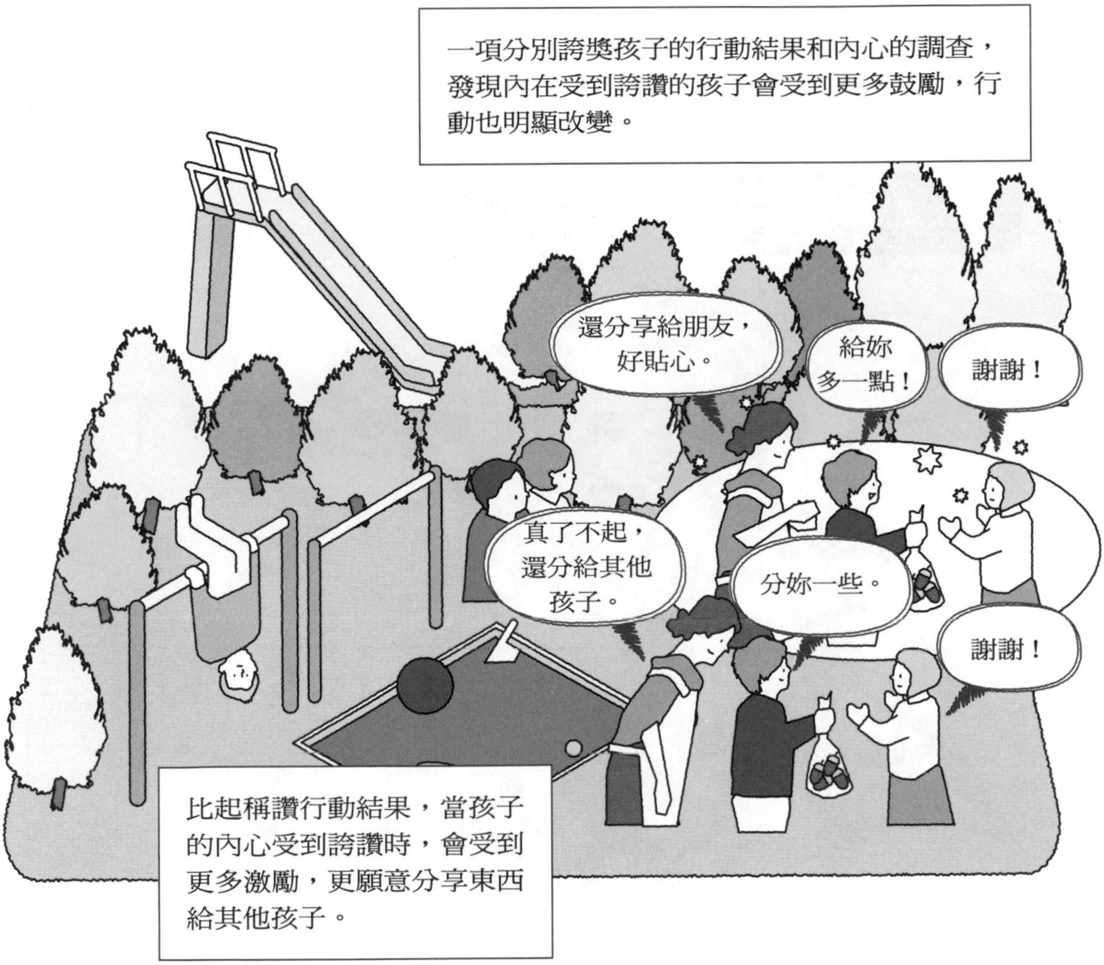
一項分別誇獎孩子的行動結果和內心的調查，發現內在受到誇讚的孩子會受到更多鼓勵，行動也明顯改變。
還分享給朋友，好貼心。
給妳多一點！
謝謝！
真了不起，還分給其他孩子。
分妳一些。
謝謝！
比起稱讚行動結果，當孩子的內心受到誇讚時，會受到更多激勵，更願意分享東西給其他孩子。

人們都希望獲得認同

「希望被喜歡」、「希望被誇獎」……這種欲求稱為積極面子。只要主管在誇獎前稍微花點心思，就能滿足部屬的積極面子。

為什麼誇讚內心比較有效？只要從「積極面子」（Positive Face）的觀點切入，就能知道原因。

所謂的積極面子，是指「希望收到讚美」、「希望獲得認同」的欲求（見右頁圖）。職場本來就是追求結果的場所，因此，稱讚工作結果比較不能滿足積極面子。反過來說，**當內在收到讚賞，比較能讓人開心，當人感受到激勵，行動自然會改變。**

12 部屬的無理要求無須回應

關鍵字
↓
☑為什麼無法回應需求

主管面對不合理的要求時，要讓部屬思考「為什麼主管不回應自己的需求」。

部屬會向主管提出各式各樣的需求。有些人認為「回應部屬需求是主管的工作」，但就現實來說，有些需求很難實現。而且有些是單純基於偏見而提出來的。面對那樣的欲求時，主管該怎麼回應才好？

首先，最重要的是主管要先了解那是什麼樣的請求（見左頁圖、二二四頁圖）。聽完部屬的發言，透過提問讓部屬好好思考，進而察覺「主管無法回應他的請求」的原因。

希望獲得認同

①
讓我升遷！
不然我就辭職！
你為什麼會
這麼想？
②
我無法接受
除了我，
同期都升遷了。
請告訴我，
你無法接受
的理由。
當部屬提出不合理要求時，先讓部屬
思考：「為何那個請求無法實現？」
透過提問，讓他察覺原因。

（接下頁）

就算很難實現，也不要馬上否定部屬，聆聽才是最重要的。如果在談話中途直接否定對方，就會產生誤會。

當部屬找到答案後，自然能接受「要求得不到回應」的結果。

如果主管沒有反覆提問，而是勉強實現部屬的請求，最終沒有人能獲得幸福（例如，其他員工會覺得不公平，或影響整體公司狀況）。最重要的是，讓部屬思考自己還欠缺什麼能力。

翻翻就會的管理學

不要考驗部屬

傾聽部屬的真正心聲、挖掘他的意見，是主管必備的能力之一。挖掘意見的最基本行動，就是問。可是，有一點必須注意：如果那個問題是用來「考」部屬（我稱之為考驗性問題），很可能對他造成非必要的壓力，嚴重的話，可能讓自己變成令人敬而遠之的主管。尤其在其他員工面前考對方，更讓人沒面子。

再加上，主管提出考驗性問題時，往往會以對錯來評斷部屬的回答。可是，這時的答案大多是主管以自己的理論為標準。如果主管自我感覺良好，自以為一切都是為了部屬好，就可能導致部屬，甚至整個團隊向心力急遽下降。

想避免陷入這種狀況，就要以對方的立場進行提問。例如可以問：「能告訴我現在是什麼狀況嗎？」或在部屬製作行程表時，問：「有沒有哪些地方可能存在問題？」如此一來，就不會是由上對下的考驗性提問，而是和部屬一起思考問題。長期下來，還能增加部屬的自主獨立性。

提問時，經常站在對方的立場思考，就是主管精進「提問力」的不二法門。

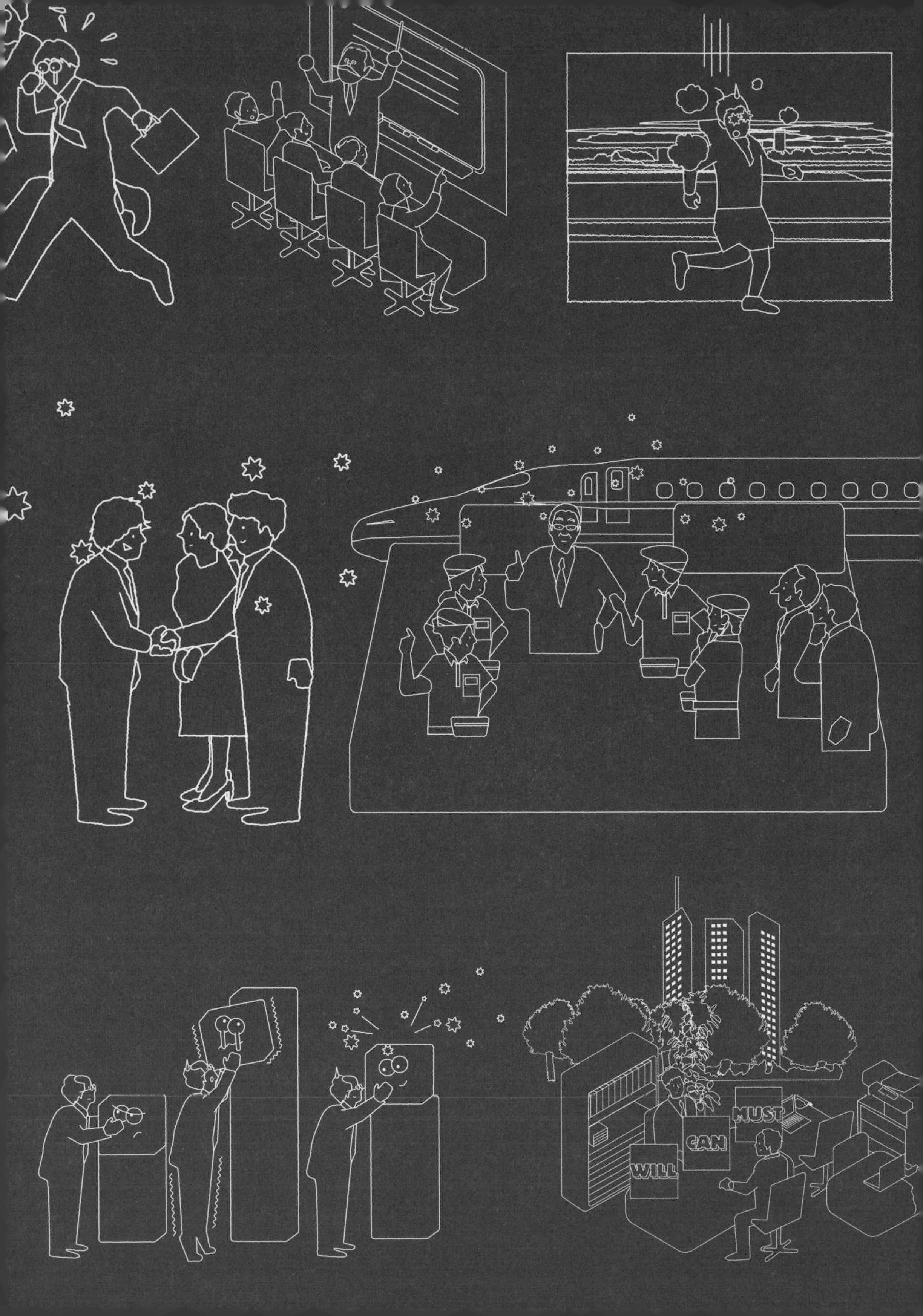
MUST
CAN
WILL

5 LEADERSHIP notes

團隊合作的關鍵，在主管

為了團隊合作，主管需要制定一套共同遵守的標準，同時賦予每個成員適當的任務。

01

業績無法提升時，檢查平衡計分卡

關鍵字 ↓ ☑ ＢＳＣ

打造強大團隊最有效的方法，是平衡計分卡（Balanced scorecard，簡稱ＢＳＣ）。

就像建造一棟堅固的房子，需要一張完整的設計圖，打造強大團隊同樣需要設計圖，也就是ＢＳＣ。這是哈佛商學院教授羅伯・Ｓ・卡普蘭（Robert S. Kaplan）和再生全球策略集團（Renaissance Worldwide Strategy Group）創辦人大衛・Ｐ・諾頓（David P. Norton）提倡的架構，從各種角度掌握技能、顧客滿意度、戰略等問題，並將各元素串聯起來。

ＢＳＣ利用五種要素整理團隊碰到的問題，如二三二頁、二三三頁圖所示，包括：

①願景。

②財務。

③顧客。

④業務流程。

⑤學習與成長。

若要實現①，就需要②，若要實現②，就需要③。若要實現③，就需要④。若要實現④，就需要⑤，只要全面檢視一遍，就能找出團隊問題出在哪裡。接著利用ＢＳＣ排列解決問題的順序，就能更容易找到解決的線索。

業績無法提升時，檢查BSC

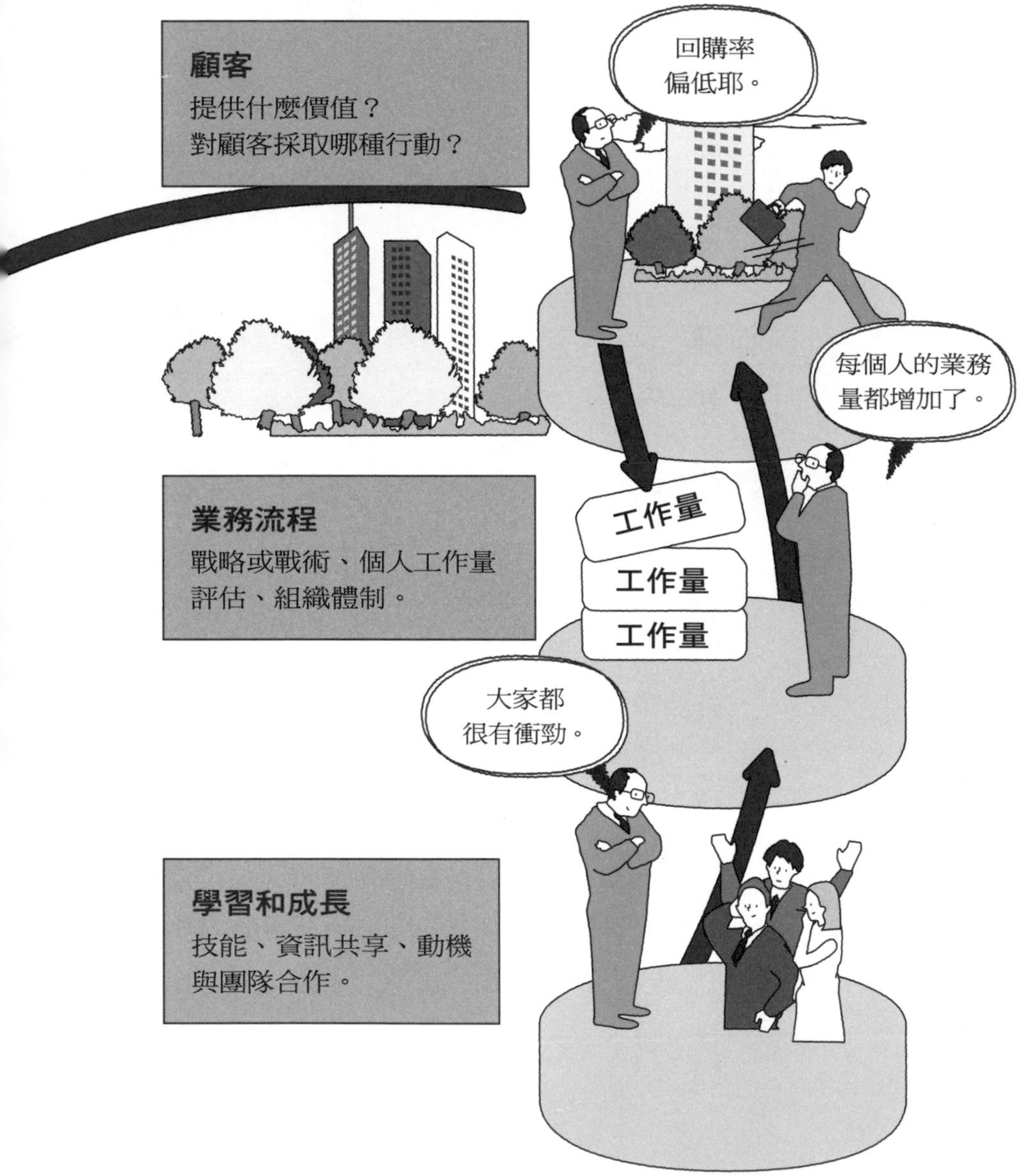

為什麼無法提升業績？

技能和動機都沒有問題，但平均每人的業務量都太過沉重，導致訪問數量下降，提案數量也因此減少。

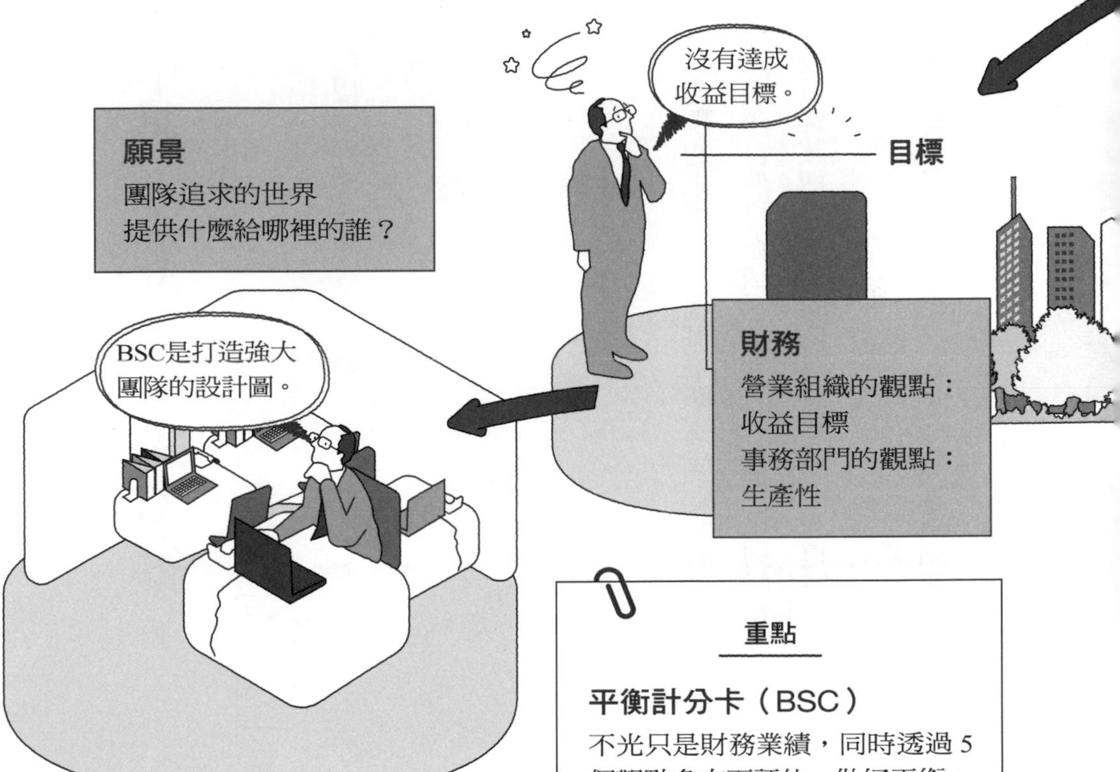
沒有達成
收益目標。
目標
願景
團隊追求的世界
提供什麼給哪裡的誰？
財務
營業組織的觀點：
收益目標
事務部門的觀點：
生產性
BSC是打造強大
團隊的設計圖。

重點

平衡計分卡（BSC）

不光只是財務業績，同時透過 5 個觀點多方面評估，做好平衡。

02

願景不是作夢，是可實現的未來

關鍵字
☑願景

……主管必須聚集部屬，然後一起設定願景。

所謂的願景，簡單來說就是「想要實現的未來」。就算不斷完成眼前的目標，如果看不到願景，「不知道為了什麼努力」，團隊自然沒辦法產生動力，也得不到好結果。團隊需要的不是單純的願景，而是「每個成員應該把願景當成自己的事情」。這時，最有效的方法就是所有人一起思考如何設定願景。

如左頁圖所示，「學習新技能」、「想以私生活為優先」、「想從事副業」等，每個

部屬只在乎自己，工作當然沒幹勁

如果部屬只把精力放在「自己」身上，在工作時，就無法發揮百分之百的幹勁。

共同設定願景，部屬會自發行動

重點

一起設定工作願景，團隊就會把這件事視為自己的事。

把願景
當成自己的事。
願景
＝希望實現的未來

人對工作投注的精力會因價值觀而有所不同，所以光是口頭叫大家努力，部屬仍然無法發揮全力。

所以，主管需要讓每個成員的精力都投注在相同的方向。**換句話說，要使員工自發行動、提高幹勁，團隊成員必須共同創造願景。**願景不是只是說說而已，應要把實現願景當成自己的事。

03

二六二法則，順利推動組織改革

關鍵字 ↓ ☑ 幕僚、二六二法則

要打造強大團隊，就必須推動組織的變革。可是，一定有人反對變革。這時，主管要想辦法拉攏沒意見的人。

主管的能力再怎麼強，仍無法單靠自己的力量和努力來完成所有事情。**主管需要的是「幕僚」**，也就是能站在主管立場思考，且值得信賴的人物。

當主管打算推出新政策時，難免會出現反對聲浪。一般來說，贊成會占二〇％、沒意見占六〇％、反對占二〇％。這種情況稱為二六二法則。這時，只要想辦法成功推動沒意見的員工，反對者也就不得不同意了（見左頁圖）。

262 法則，拉攏「6」

262 法則

當主管提出組織改革時，在多數情況下，會出現贊成 20%、沒意見 60%、反對 20% 的現象。

和幕僚一起推動組織改革

重點

找深受同事信賴的人當幕僚，請他把變革的必要性轉達給反對派，並進一步討論。

如果要策動六〇%的人，比起主管直接出面，由幕僚從旁勸說，反而更容易說服其他人，能更快速的扭轉情勢（見右頁圖）。只要有幕僚在，主管就能如魚得水，不過，那種人不是隨便找就有。主管只能花時間找尋，然後慢慢培養。

04

團隊要合作，關鍵是配角

關鍵字
☑ 團隊成員的角色

每個人都要做好自己該做的事，發揮存在價值。

就算主管非常有能力，培育幕僚也很順利，但如果團隊內只有主管和幕僚在努力，身為「配角」的其他成員沒充分發揮力量，那麼團隊就是失衡的。想要打造一個成功的團隊，重要的是**依照成員的適性分配工作**，**並發揮其存在價值**。

團隊成員可分別負責思考全新工作方法、製作工具或資料、進行會議、宣傳、安排搞賞會等活動，各種不同的角色，有不同任務（見左頁圖、二四四頁圖）。有時有人會兼任

依團隊成員的適性分配任務

這樣工作
比較有效率。
交辦的資料
完成了。
還有人
有意見嗎？
①思考
思考全新的工作方法。
②創造
製作資料或工具。
③主持會議
負責會議主持或議程管理。

（接下頁）

④負責宣傳

宣傳並炒熱活動等。

⑤犒賞

安排聚餐等。

⑥學習

共享取自報紙或網路等有利於工作的資訊。

重點

根據成員的個性來分配工作，使他們好好的發揮能力。在眾人面前給予誇讚，也是激勵部屬的方法之一。

多個角色，當然也會有多個人扮演同一個角色的情況。

而團隊主管這個角色要做的是，「多虧○○的努力，這個月的業績成長速度比過去更快」，在成員們面前給予誇讚，藉此激勵成員。

05

新團隊怎麼融合？強化對話次數

關鍵字 ↓ ☑ 團隊發展階段模型

剛組織的新團隊，可藉由團隊發展階段模型（Tuckman's stages of group development）來改善成員關係，增強團隊力量。

團隊若長期呈現緊繃狀態，會讓成員間的對話逐漸減少。每個人都有各自的工作，所以沒什麼機會閒聊或是談論自己的事。然而，**對於剛組成的全新團隊來說，成員間的對話「量」和「質」，對團隊的強化極其重要**。這時，可以參考把團隊的成長分成四個階段的團隊發展階段模型（見左頁圖、二四八頁圖）。

在團隊發展階段模型中，創建團隊有兩個準備階段，包括形成期（團隊成員初見面）

創造溝通環境，增強團隊實力

①形成期（準備期）
才剛認識，成員彼此都還很陌生。需要多多對話。

團隊
發展順利嗎？
彼此多交談
很重要。
不知道同事是
什麼樣的人。

重點

團隊發展階段模型由心理學家布魯斯·塔克曼（Bruce W. Tuckman）提倡，顯示團隊在歷經混亂或對立後，會成長為強大組織。

（接下頁）

②混亂期（準備期）
團隊成員發生衝突，需要毫無顧忌的對話以了解彼此。
那個想法不對吧？
我了解大家的想法了。
第一步就是創造一個能輕鬆談話的環境。
③統一期
形成共通規範，需要接納感。
靠大家的力量達成了！
④機能期
做出成果。

及混亂期（團隊成員彼此發生衝突）。

團隊剛形成的形成期應重視對話次數，盡可能消除陌生感。第二個階段是想法不同而引起對立的混亂期，此時最重要的是，重視對話品質以更加了解彼此。主管應該從一開始就密切注意彼此溝通的方法。

06 問三個問題，加強部屬的數字意識

關鍵字 ↓ ☑ 目標達成意識

……想提高團隊成員對目標數字的意識，必須隨時問三個問題。

這三個問題分別是：問題一，部屬設定的目標數字為何；問題二，選定的最終目的是什麼；問題三，若有不足時，有什麼解決方法（見左頁圖）。

只要主管不斷的問這些問題，便能讓部屬感受到主管的想法與言行一致，進而提高目標達成意識。

還有一種狀況是，不論主管問幾次，有些部屬都沒辦法好好回答，這個時候，有問題

提高部屬的目標達成意識

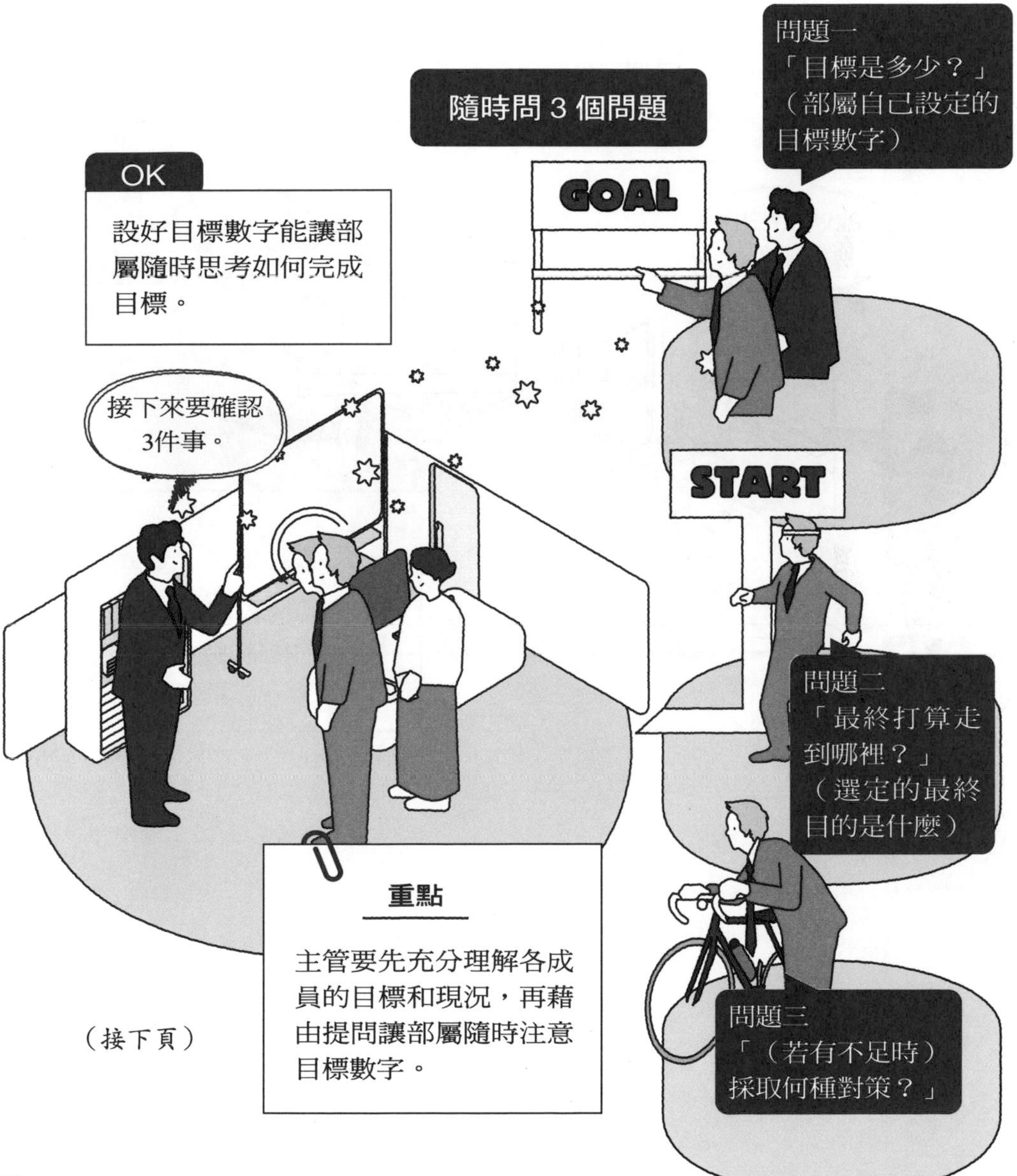

隨時問 3 個問題
問題一
「目標是多少？」
（部屬自己設定的目標數字）
GOAL
OK
設好目標數字能讓部屬隨時思考如何完成目標。
接下來要確認3件事。
START
問題二
「最終打算走到哪裡？」
（選定的最終目的是什麼）
重點
主管要先充分理解各成員的目標和現況，再藉由提問讓部屬隨時注意目標數字。
問題三
「（若有不足時）採取何種對策？」

（接下頁）

NG

不能用說教來強迫部屬掌握目標。

如果沒有確實掌握目標，就無法知道要怎麼安排進度，最終白費力氣。

對部屬說教沒有意義

若部屬對目標數字沒有任何自覺，就算說教也沒用。

的不是部屬，而是因為主管的熱誠沒有確實傳達給部屬（見右頁圖）。不管是什麼情況，最重要的就是共享目標，不讓目標曖昧不明。所以，**主管要先理解各成員的目標和現況，再藉由提問讓部屬留意目標數字。**

07

講重點，主管和部屬都要學

關鍵字 ↓ ☑ PREP

不斷重複沒重點的報告，只是浪費時間。若要讓對話有效率，就要採用PREP文章結構式對話。

商務場合中常用的文章結構PREP：只要依照結論（Point）、理由（Reason）、事例或具體案例（Example）、重複結論（Point）的順序進行報告，就能以簡潔、易懂的方式，將重點傳達給對方（見左頁圖）。

進行報聯相（報告、聯絡、相談）時，只要留意這個順序，聽者就能馬上理解講者說的內容（見二五六頁圖）。

利用PREP結構展開對話

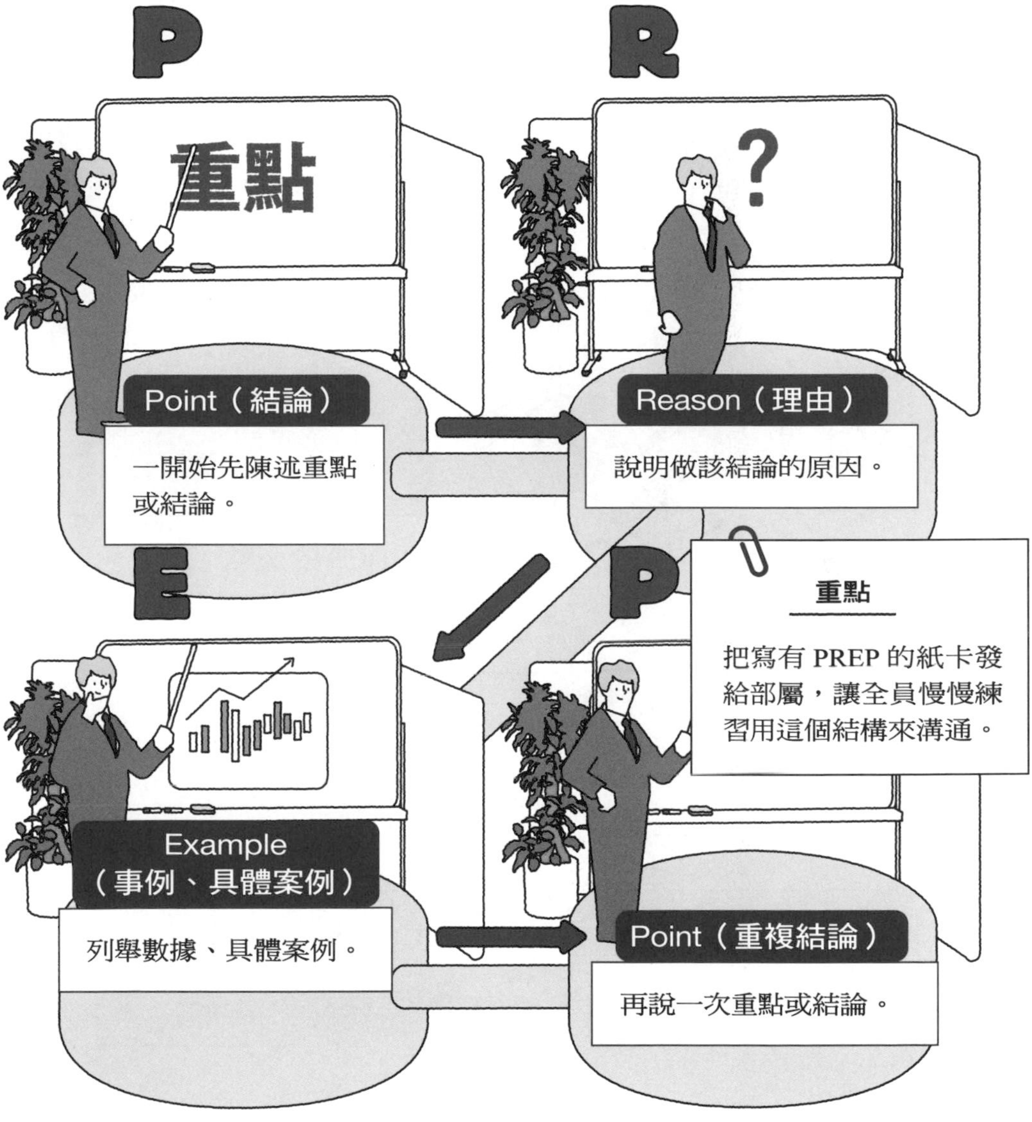
P
R
重點
?
Point（結論）
一開始先陳述重點或結論。
Reason（理由）
說明做該結論的原因。
E
P
重點
把寫有 PREP 的紙卡發給部屬，讓全員慢慢練習用這個結構來溝通。
Example（事例、具體案例）
列舉數據、具體案例。
Point（重複結論）
再說一次重點或結論。

用 PREP 結構說話，溝通超順暢

PREP 的優點

1. 不會造成聽者的壓力。
2. 減少多餘的互動，更有效的運用時間。
3. 養成隨時整理思緒的習慣。

（圖左半邊）報告時若從頭講到尾，聽者會找不到重點而感到不耐煩。
（圖右半邊）使用 PREP 結構，說話有條理，讓人一聽就懂。

採用ＰＲＥＰ，還可以減少雙方之間多餘的互動，也不會造成聽者的壓力，進而讓商業溝通變得更加順暢。ＰＲＥＰ能幫助人們養成整理談話內容的習慣，使談話內容更具說服力，希望在短時間內傳達意見的時候，特別好用。

另外，不光是說話，在寫簡報或報告等文章時使用ＰＲＥＰ，就能寫出清楚有邏輯的內容，有助於縮短審查時間。

08

每個成員都要知道其他人在做哪些事

關鍵字 ↓ ☑開放性、知識管理

在主管、部屬、同事之間能自由交換意見或資訊的職場裡，部屬會更主動。

「開放性」（Openness）一詞在日本引起熱議。這是日本職業生涯設計專家北野唯我在《開放性職場的氛圍決定結果》（暫譯，臺灣未代理）提到的概念，簡單來說，就是指不論主管、部屬或同事之間，都能在團隊內自由的交換意見或資訊。**開放性越高的職場或團隊，不僅離職者較少，還能促進部屬的成長，並進一步提高自主行動。**

相反的，如果是開放性較低的團隊，如左頁圖所示，就算部屬打算主動採取行動，仍

開放性偏低的職場，只能被動做事

提高開放性的方法

①共享成員的資訊（如現在負責的業務、資格、技能等個人訊息等），讓成員容易找到答案或詢問對象。
這樣一來，成員就能自主行動了。
為共享資訊而努力吧！
②把成功提交的企劃書、數據或資料等，存放在共享資料夾內（就算不提問，也可以存取知識）。

會在主管下達命令之前，呈現完全無法動彈的被動狀態。事實上，在遠端工作普及之後，許多職場環境開放性變得更低。

在這樣的環境下，最有效的辦法就是「知識管理」（Knowledge Management）：創建一個彼此共享「哪個同事精通哪些事」的資訊，並在有疑問時，能輕易找到詢問對象或存取資料的環境（見右頁圖）。

09

部屬業績不佳，怎麼檢討？

關鍵字 ↓ ☑工作塑造

業績不好時，團隊的氣氛往往會變得沉悶。這時可以利用「工作塑造」（Job Crafting），消除工作的挫敗感，同時帶來成就感。

如果主管認為「朝向目標，努力工作是理所當然的」，主管和部屬之間的距離會變得疏遠，團隊氣氛會跟著陷入沉悶。如前一章節所述，開放性越高，越是無話不談的團隊，生產效能就會越高。**在業績變差時，主管增加與部屬的對話次數顯得更重要，而不該只是埋頭努力工作。**

業績不好時，每個人都會產生到強烈挫敗感（見左頁圖）。這時要利用工作塑造來改

業績不好時，挫敗感會更強烈

跟我走！
我們
跟不上啦！
業績成長
不如預期。
銷售額
好難搭話，
氣氛好凝重。

業績不好時，越嚴肅的主管越容易和部屬變得疏遠。

改變部屬對工作的認知，他就能更加獨立

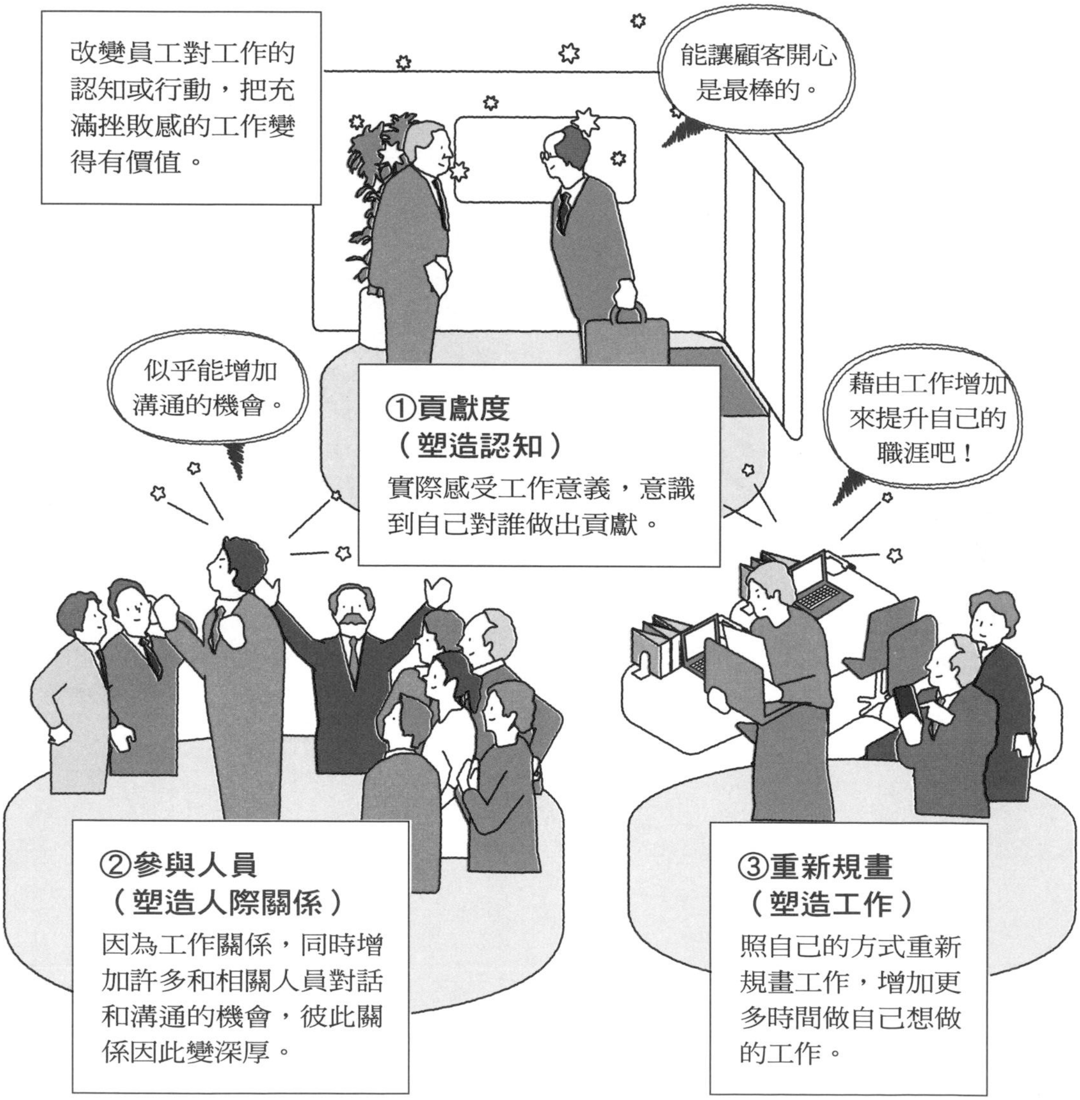
改變員工對工作的
認知或行動，把充
滿挫敗感的工作變
得有價值。
能讓顧客開心
是最棒的。
似乎能增加
溝通的機會。
藉由工作增加
來提升自己的
職涯吧！
①貢獻度
（塑造認知）
實際感受工作意義，意識
到自己對誰做出貢獻。
②參與人員
（塑造人際關係）
因為工作關係，同時增
加許多和相關人員對話
和溝通的機會，彼此關
係因此變深厚。
③重新規畫
（塑造工作）
照自己的方式重新
規畫工作，增加更
多時間做自己想做
的工作。

變工作觀點，重新感受工作的價值。工作塑造是透過貢獻度、參與人員、重新規畫等，來改變對工作的想法（見右頁圖）。

一旦業績變差，就得設法提高成員的獨立能力，因此必須創造一個能透過會議等方式激盪出個人想法，同時更容易溝通的職場環境。

10

提高生產力的最快方法，說謝謝

關鍵字
感謝量

人接受到他人的感激時，會感到喜悅，進而提高衝勁和生產力。

收到來自主管的感謝時，任何人都會欣喜。美國心理學研究家亞當・格蘭特（Adam Grant）和法蘭西絲卡・吉諾（Francesca Gino）共同研究發現，「只要收到負責人的感謝和活動反饋，員工就會提升生產力」（見左頁圖）。也就是說，為了提高生產力，可以設法讓部屬接收到更多感謝。而且，不光是上級，如二六八頁圖所示，還有兩個管道能使部屬感受到謝意。

增加感謝量

透過誇讚，讓部屬知道
「自己正受到關注」。
原來主管一直
在關注我。
謝謝你願意接
這份工作。
感受到
謝意，就會
充滿幹勁。
部屬收到主管的感謝，會提
高生產力。如果主管平均
1～2 週對部屬傳遞謝意 1
次，會很有效果。

感謝
「上司 × 同事 × 顧客」
的感謝
＝感謝量
謝謝幫忙。
來自主管的感謝
向部屬表示「謝謝你的努力」。
思考如何利用這 3 種方法獲得最多感謝吧！
○○真厲害。
來自同事的感激
來自同事的感謝，代表被團隊認同。
很榮幸能和這間公司交易。
來自顧客的感謝
透過問卷調查、口耳相傳或顧客直接表達心聲，能提高部屬的自信。

第一種是來自主管，身為主管的你向部屬表示感謝：「謝謝你的努力」。

第二種是來自同事。同事的話語可以讓部屬感到自己被團隊接納。這種感覺稱為「對組織的認同感」，可以增強成員之間的羈絆。

第三種則來自用戶（顧客）的感謝。顧客心聲可透過問卷調查、同事口耳相傳或現場實際聽到，進而提高部屬的自信。

11

部屬是看著主管的背影長大的

關鍵字 ↓ ☑主管個人目標的達成

部屬是看著主管的背影成長，所以主管要做榜樣，隨時提醒自己「達成個人目標」。

抱持「只要能達成團隊目標，就算主管沒達成個人目標也沒關係」想法的人，沒資格當主管（見左頁圖）。因為現在並不是主管只需要管理部屬就好的時代。如果主管無法達成自己的目標，其他成員就會想：「他身為主管卻扯團隊後腿。」

就算達成團隊目標，主管仍要保有「堅持不放棄個人目標」的心態，才是最重要的（見二七二頁圖）。

不在乎目標有沒有達成，這種人沒資格當主管

NG
主管不能只在意團隊目標有沒有達成。
只要達成團隊目標，就可以了吧？
部屬替主管擦屁股。
目標未達成
當團隊目標達成，主管卻沒實現自己的目標，部屬會想：「明明身為主管，卻反過來扯團隊後腿」、「部屬替主管解決爛攤子」。

努力堅持到最後的主管，才會贏得部屬信賴

就算主管沒辦法達成個人目標，至少要展現出「為了達成目標而堅持到底」的態度。若主管總對部屬說：「不要放棄。」自己卻沒堅持完成目標，就會變成光說不練的人，進而失去部屬的信賴。

就結果來說，如果主管沒辦法完成個人目標，該怎麼辦才好？因為主管會對部屬表示：「不要放棄，要努力達成目標。」所以，部屬會注意主管是否實現個人目標或有無堅持完成目標的毅力。如果主管能展現出直到最後都不放棄的態度，團隊成員自然會感受到主管認真的一面。

翻翻就會的管理學

有人達成、有人沒達成，怎麼賞罰？

只要設定目標，就一定會出現「有人達成」和「有人沒做到」的對應問題。雖說主管對部屬的態度差異，可能導致部屬之間的情感產生裂痕，但若不在意目標達成率高低，就會讓目標流於形式，不僅讓團隊士氣下滑，部屬也會失去下次一定要實現的意欲，導致團隊生產力下降。所以，這麼做無法稱得上是正確判斷。

此外，確實賞罰達成目標和沒有達成目標的人，也是很重要的部分。可是，主管要注意不能讓賞罰變成含有負面意義的「歧視」。舉例來說，如果員工只是因為沒達成目標，就被貶低，或被要求假日加班，不光是未達成目標的人，可能整個組織的氛圍都會因此陷入低迷。

那麼，到底該怎麼做比較好？最簡單且有效果的方法，就是讚揚達成目標的人。例如，只邀請達成目標的人吃飯，或是在眾人面前大力表揚達成目標者。沒達成目標的人看到那種情況會感到懊悔：「我也好想成為受表揚的那一個。」於是激勵自己努力達成下個目標。

有效設定目標，同時明確賞罰達成目標的人和沒有達成目標的人，就能激發彼此的競爭心理，促使整個組織為了達成目標竭盡全力。

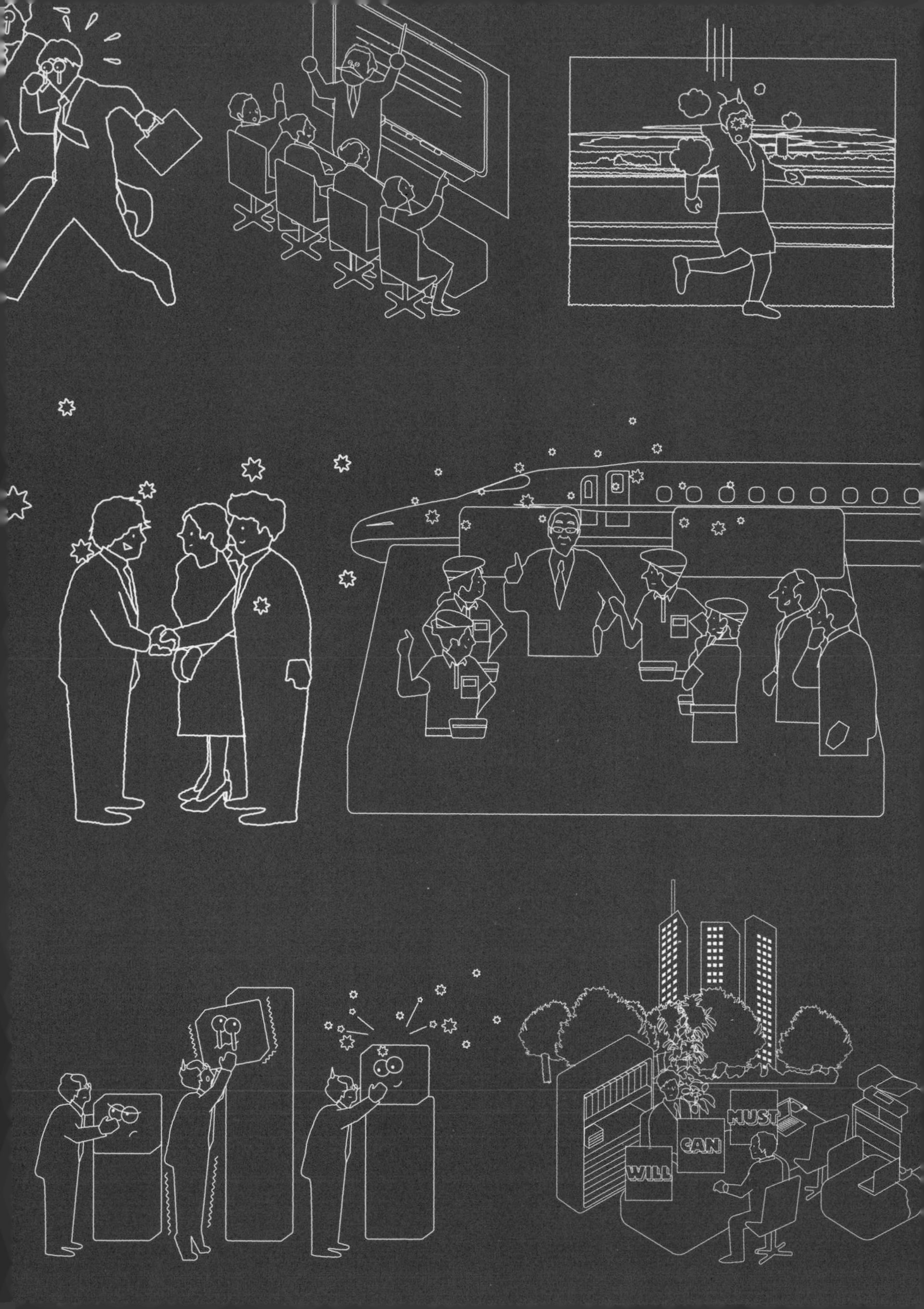
MUST
CAN
WILL

主管天天都在做的目標管理

只要主管做好管理工作，就能大幅提高工作效率。所以要不斷檢視自身工作方式，並挑戰新方法和想法。

01

目標管理第一步，從截止日逆推進度

關鍵字 ➡ ☑ 預測達成日、逆推思考

主管要帶領部屬，一邊考量風險，一邊逆推出目標達成日，以提升部屬的目標達成率。

為了讓整個團隊能經常做出好業績，必須從擬定計畫開始思考。

若員工認為，「只要每天盡可能的努力，總有一天能完成工作」，那麼，他很難掌握自己目前的進度。而且當工作發生問題時，也很難確認工作究竟延遲多少。

為了避免出現這種情況，就得做逆推思考，也就是先設定目標預定達成日，然後開始往回推，以設定每日目標（見左頁圖、二八〇頁圖）。

從預定達成日逆推工作進度

（接下頁）

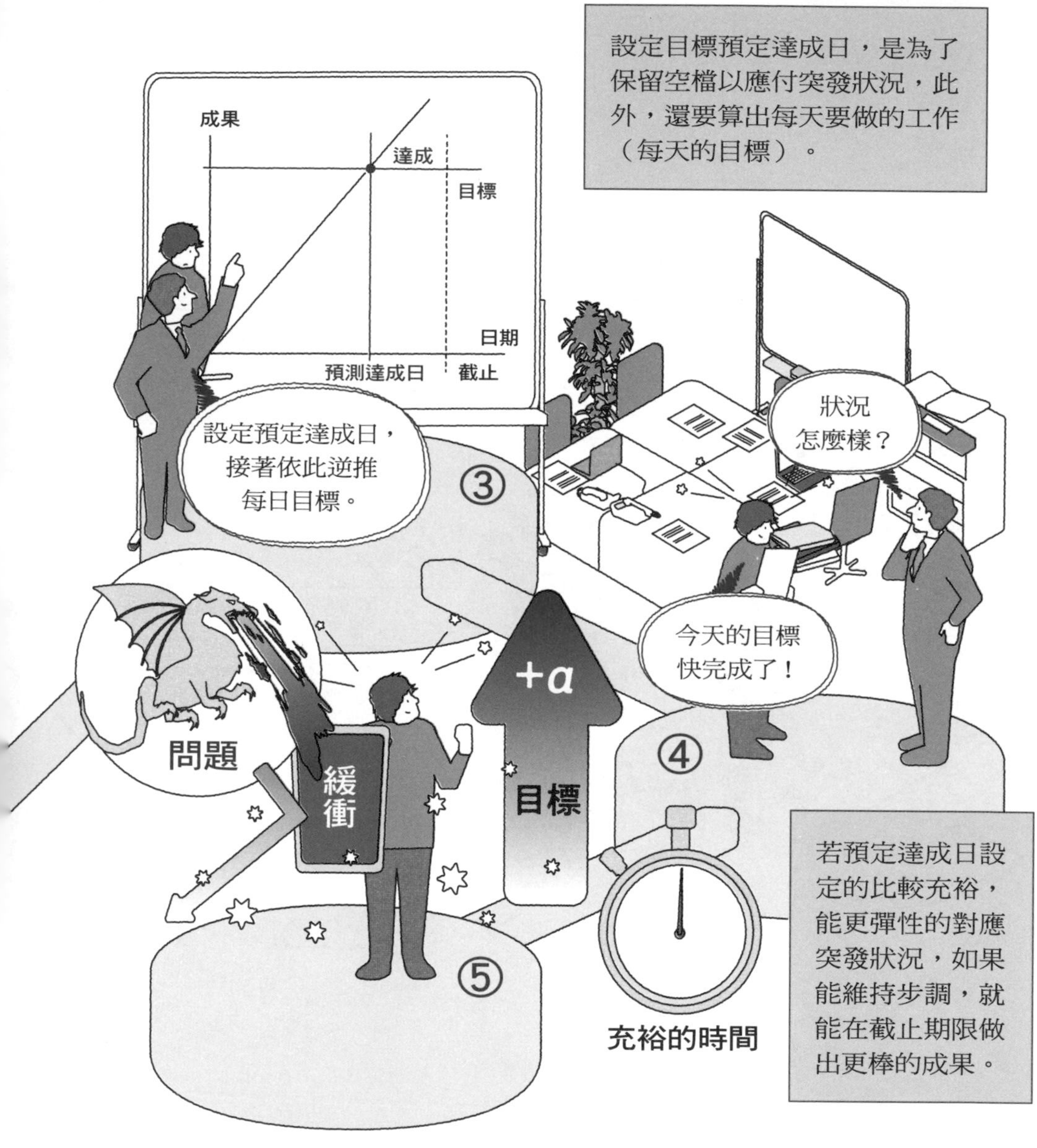
設定目標預定達成日，是為了保留空檔以應付突發狀況，此外，還要算出每天要做的工作（每天的目標）。
成果
達成
目標
日期
預測達成日
截止
設定預定達成日，接著依此逆推每日目標。
③
狀況怎麼樣？
今天的目標快完成了！
④
問題
緩衝
+α
目標
⑤
充裕的時間
若預定達成日設定的比較充裕，能更彈性的對應突發狀況，如果能維持步調，就能在截止期限做出更棒的成果。

相對於實際的截止期限，預定達成日可設定提前一至二成。如此一來，若碰到突發狀況，就能更從容應對，只要維持步調，便能在截止期限前做出更好的成果。

根據預定達成日來逆推每天的工作量，就能更精準的衡量進度。不論是自己或部屬，當整個團隊能逆推思考，整體業績自然會提高。

02

毫無根據的提高目標門檻，沒人理你

關鍵字 ↓ ☑ 目標設定邏輯

若目標設定的不合理，會給團隊帶來負擔，也容易累積不滿。

如果不斷毫無根據的提高目標門檻，員工身上的負擔會像滾雪球般越來越重。為避免發生這種情況，**設定時，應以明確的邏輯及論據與部屬討論，才能設定出大家都能接受的目標**（見左頁圖）。

另外，因工作類型不同，有些部門比較不容易設定目標，對他們而言，最重要的是依照減少加班時間等的「工作達成率」或「進度」，來設定有依據的方針。

避免不合理的目標設定

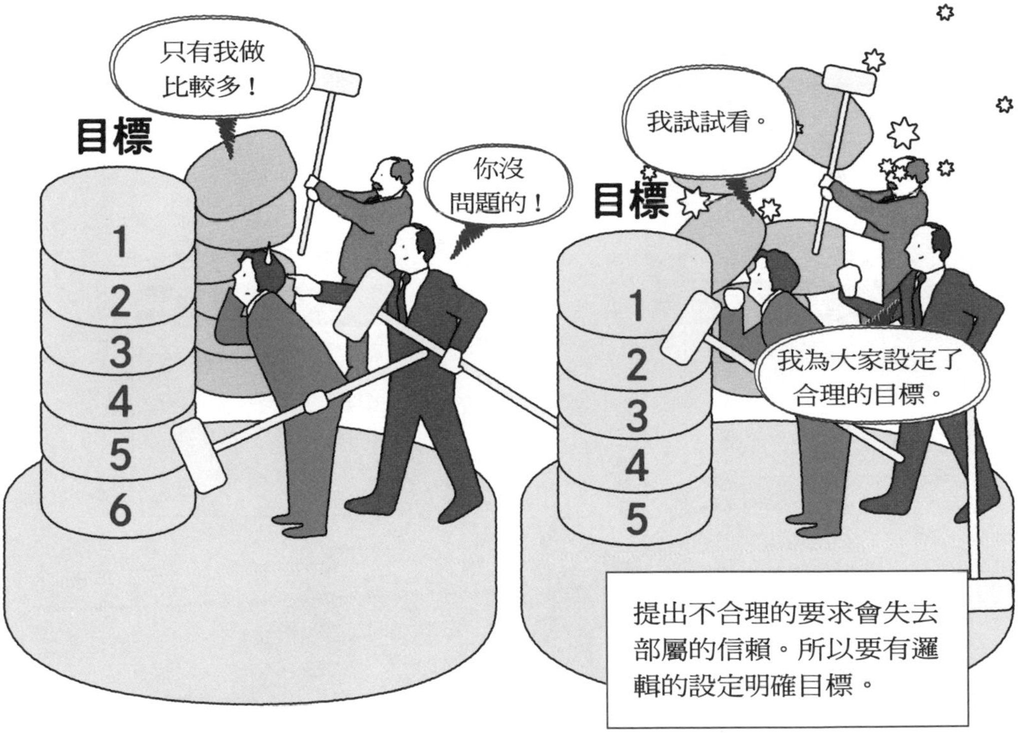

提出不合理的要求會失去部屬的信賴。所以要有邏輯的設定明確目標。

目標設定邏輯的方法

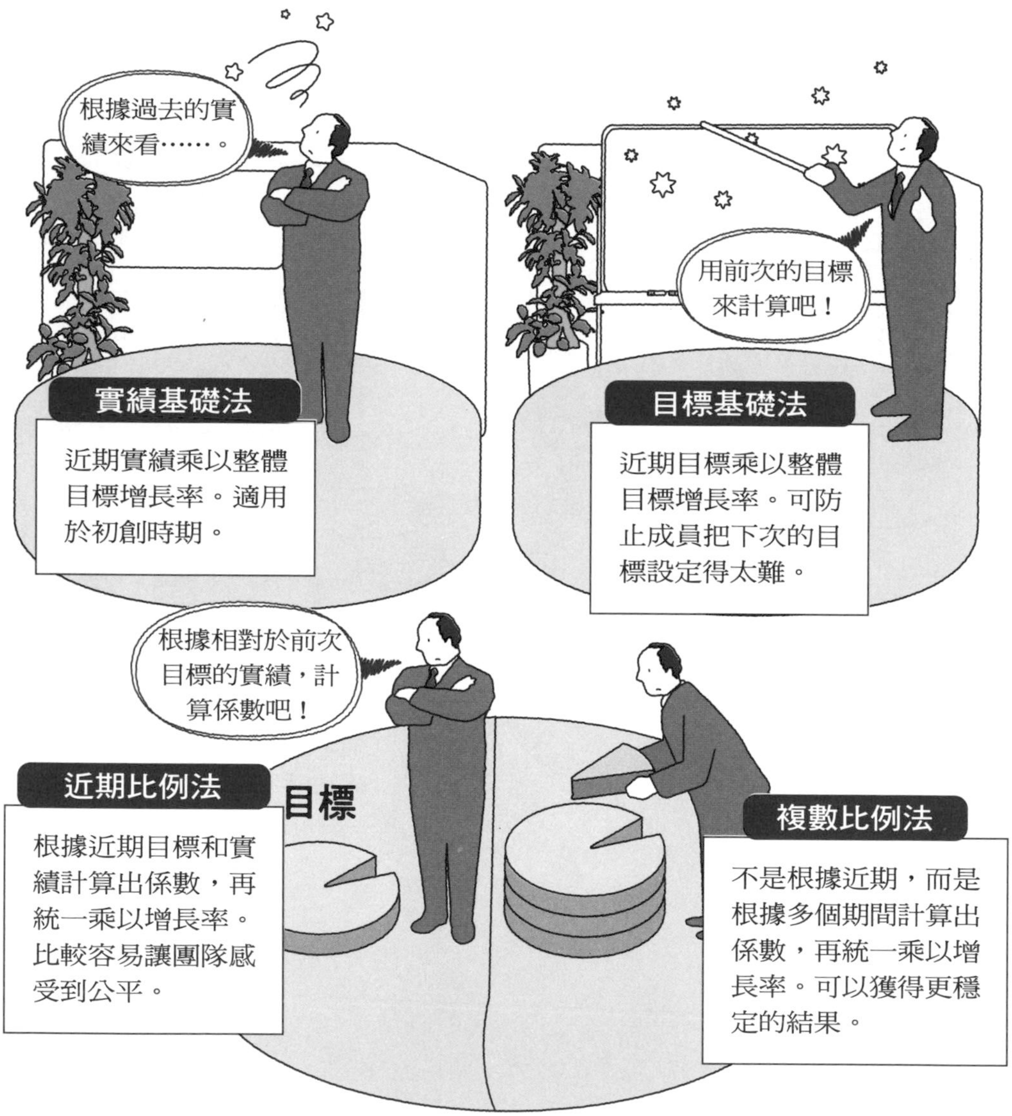
根據過去的實績來看……。
實績基礎法
近期實績乘以整體目標增長率。適用於初創時期。
用前次的目標來計算吧！
目標基礎法
近期目標乘以整體目標增長率。可防止成員把下次的目標設定得太難。
根據相對於前次目標的實績，計算係數吧！
近期比例法
目標
根據近期目標和實績計算出係數，再統一乘以增長率。比較容易讓團隊感受到公平。
複數比例法
不是根據近期，而是根據多個期間計算出係數，再統一乘以增長率。可以獲得更穩定的結果。

設定目標的邏輯之代表範例有三種（如右頁圖）：

- 實績基礎法（整體目標增長率乘以近期實績）。
- 目標基礎法（整體目標增長率乘以近期目標）。
- 比例係數法（包括近期比例法和複數比例法，根據過去實績和目標比例算出係數，然後乘以整體目標增長率）。

至於要以哪個方法為基礎，請務必透過討論、共享，取得大家的共識。

03

別讓部屬一起跑就摔跤

關鍵字
↓
☑ 達成、開始時的目標

不論是在體育界或是工作職場，如果在一開始起跑時摔跤，之後的差距就很難追上。

不論在任何場合，起點比任何事都來得重要。因此，**展開某些事時，必須設定目標，並想辦法努力達成**。如果「沒辦法達成」變成理所當然，不論對誰來說，都是一大損失。

只要剛開始能順利（設定一個容易達成的起點目標），人們自然會努力並想辦法達成最終目標（見左頁圖、二八八頁圖）。

不管是團隊共事或是制定個人目標，人們往往把最初的經驗當作判斷基準。其實，設

好的起點，提高部屬的達成欲求

達成了！
最初的一星期以這個為目標。
只要繼續努力，下次也能達成！
剛開始的目標難度刻意設低一點，讓部屬能輕鬆達成。

（接下頁）

透過徹底實現主管的要求，以培養部屬的獨立能力與提高自我肯定感，進而帶給他們自信。

定目標的方法需要花點巧思。

舉例來說，設定某個案子要在三個月內完成，那麼起點目標可設定成一至兩個星期內做完，且難度刻意設低一點，讓人必定能達成。只要能達成起點目標，人們會產生「之後也能繼續維持」的衝勁。

想打造制勝團隊，主管能做的就是管理部屬的起點目標。

04

「距離截止日還有一點時間……」，人最容易鬆懈

關鍵字 ↓ ☑中期會議

「離截止日還有一點時間……。」一旦產生這樣的念頭，人會變得鬆懈。而中期會議，是用來維持衝勁的手段之一。

人在剛開始做某事及截止期限前，比較容易維持幹勁，可是，不論是誰，很難自始至終保持專注。結果，大家往往在中途鬆懈，工作因此停滯（見左頁圖）。尤其對遠端工作等需要自我管理的人而言，維持工作衝勁更是重要課題。這個時候，只要設定中期會議，就可以防止人們鬆懈（見二九二頁圖）。

在目標達成，藉由舉行中期會議來整理工作進度，就可以規畫出新的起點，除了能提

做事途中，人容易鬆懈

在遠端工作等需要自主管理的情況中，人往往會懈怠。
還有時間，可以玩遊戲，稍微放鬆一下。
怎麼樣都提不起勁。
初期
過渡期
期末
從區間劃分來看，人在初期和近截止期限時，能維持高度的衝勁，但過程中卻總變得散漫、幹勁下滑。

靠中期會議擺脫鬆懈狀態

可在中途安插中期會議，並規畫新起點，以提高部屬的幹勁。

後半段也繼續努力吧！
是！
到了這個轉折點，大家有什麼煩惱嗎？
其實進度有點落後……。

重點

就算進度有一點落後，仍可在過程中提出解決辦法，和團隊一起努力。

升衝勁外，也能和其他成員共享進度，了解離達成趨勢還有多少差距。

就算達成趨勢稍微落後，也不要馬上放棄，而是試著找尋縮短差距的方法，但別認為光靠毅力就能跟上進度。只要有「應該做什麼」的具體想法，就提出來討論，之後團隊自然會依此行動。

05

參考數據不多時，主管怎麼下判斷？

關鍵字 ➘ ☑單純的實驗

挑戰未知領域時，由於數據不多，即便是主管也很難根據少量資訊來行動。因此，我們要創造數據。

挑戰新事物時，狀況難免變得一團混亂，通常必須從驗證開始切入。可是，就現代的速度感來說，驗證太浪費時間，有時可能跟不上時代的潮流。

這個時候，可以試試ＩＬＥＬ循環（做法見二九六頁、二九七頁圖）。這是美國矽谷 Intuit 公司創辦人史考特・庫克（Scott Cook）所提出的新創循環（Start-up Cycle），他說，只要透過「靈感→非理性的決策→實驗→學習」的循環，就能不斷累積經驗。

這裡必須注意的是，該循環**比較適用於新創計畫或是實績較少的情況**。之後仍要根據狀況，靈活運用所謂的PDCA（按：指計畫〔Plan〕、執行〔Do〕、驗證〔Check〕、改善〔Action〕，見三一四頁），這才是真正關鍵。

挑戰未知時，可靠的數據當然沒有很多。正因為如此，只要在循環過程中，把那些得到的數據轉換成「創造」，或許就能從過去曾經放棄的挑戰中，挖掘出新的想法。

利用ILEL創造數據

可以得到
珍貴的數據。
DATA
根據蒐集到的數據，
再次提出想法
或實驗判斷
有效運用這次
的經驗……。
比起20歲，更受
30歲的人喜愛。
實驗
（Experiment）
學習
（Learn）
30~39 歲
20~29 歲

ILEL 循環比較適用於新創計畫或前例較少的領域。最重要的是，視情況靈活運用 PDCA 循環。

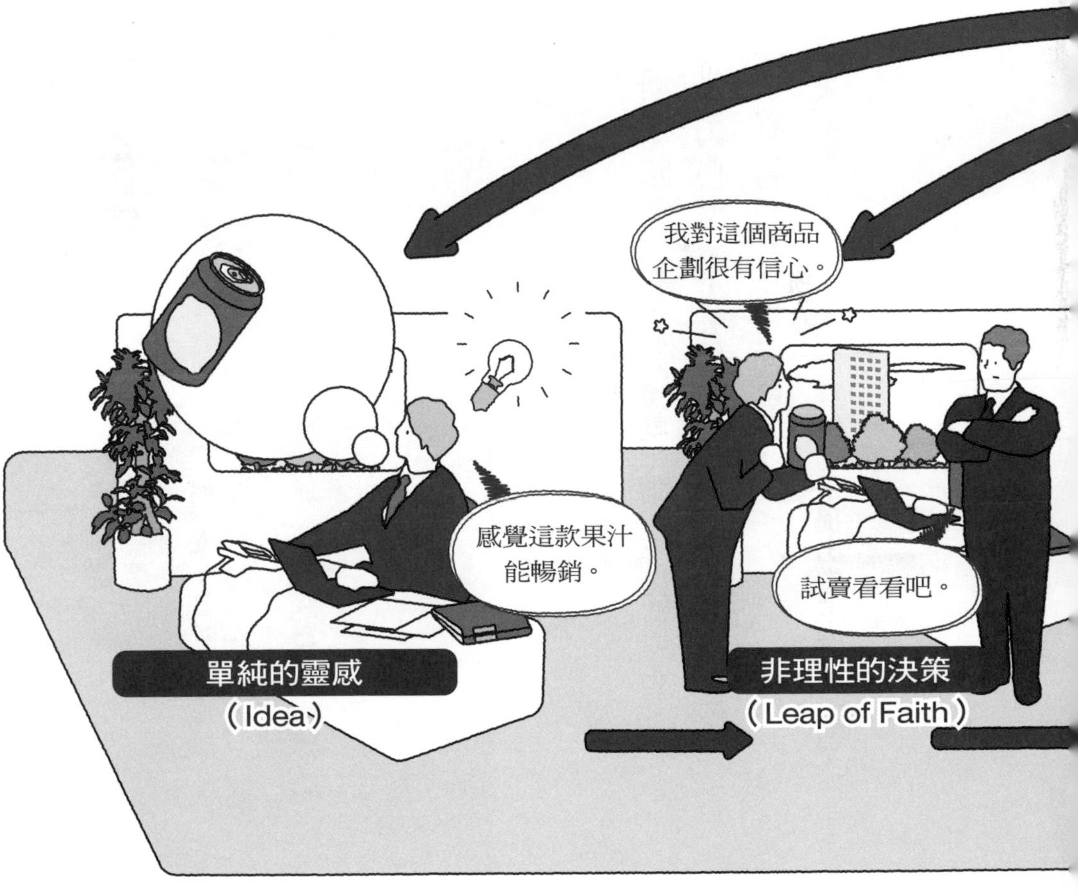

06

手中隨時要有備案

發生問題或突發狀況時，主管必須採取必要措施，但不能只靠經驗做決定。

關鍵字 ↓ ☑ 設定課題

發生應該解決的狀況時，必須思考對策，但若未經深思熟慮就行動，不僅需要花更長的時間才能解決，被呼來喚去的部屬可能因此對主管失去信任。如果單靠過去的經驗法則，或讓不了解現場情況的高層下指示，會很難判斷對策的好壞。

為了做出更精準的判斷，且避免錯失該做的事情，主管應該做的是**提出當下遇到的困難，並擬定對策**（見左頁圖）。

不能依賴經驗，要針對問題本身來想對策

NG
在不了解問題的情況下，
憑過去的經驗或直覺來制
定對策，非常危險。
用來解決問題的
方法就在這裡。
真的能
順利解決嗎？
這樣應該就
可以解決問題！
OK
判斷能力強的主管會根據狀
況來設定課題，並進一步找
出對策。

設定課題，列舉對策，選出最佳方法

提高判斷精準度，工作效率自然能提升。

要解決問題的在哪裡？
?
只要解決這個問題，狀況就能迎刃而解！
這次就採用這個對策吧！
A
B
C

發生問題時不要焦躁，針對當前應解決的問題，提出幾項對策，然後採用較有效的方法。

如右頁圖所示，發生狀況時，必須先思考應該解決哪個問題，順帶一提，如果能利用數字來表現應解決問題會更好。

實際做法是，在要處理的問題中找出與數據密切相關的，並設定成最優先處理的課題，接下來列舉方法。然後，把最有效的項目設為主要對策。透過篩選，就可以進一步提升個人的判斷精準度。

07

「按照過去的經驗……」這句話很危險

關鍵字↓ ☑ ＫＳＦ、ＫＰＩ、機會流失

擬定計畫時，可把達成目標的必要成功因素當作參考指標。

為了達成目標而擬定計畫時，用來達成目標的必要因素，被稱為關鍵成功因素（Key Success Factor，簡稱ＫＳＦ）。另外，為了達成目標而被數值化的中間目標或指標，則稱為關鍵績效指標（Key Performance Indicator，簡稱ＫＰＩ）。如果以瘦身為例，ＫＳＦ就是每天的運動量，ＫＰＩ則是每週的運動量。

如左頁圖所說，為達成目標而做計畫時，基本上不能只參考過去經驗，最重要的部分

仰賴經驗法則，反而浪費力氣

達成目標的手段未必只有一種。

這次也採用相同的方法嗎？
按照之前的經驗，只要……。
KPI
直到達成日那天才會知道做法是否正確。

重點

設定 KSF 時，不能只參考過去的經驗。另外，如果因為不安而設定太多 KPI，就會增加許多毫無意義的工作。

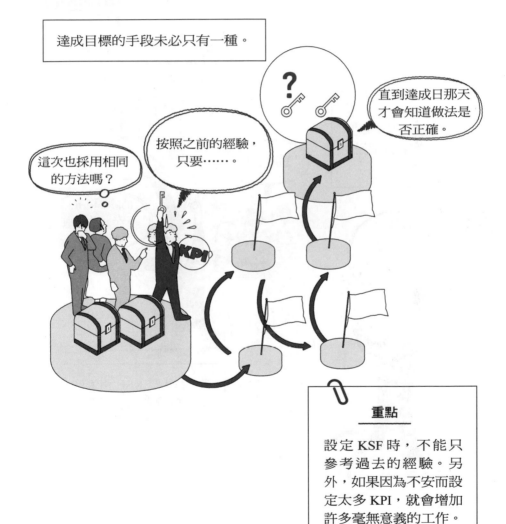

找出成功關鍵的方法

顧客滿意度
比起經驗法則，優秀主管會留意過去實際發生但錯失的機會，同時找出明確的 KSF。
知道了！
消除顧客的不安，增加回購率吧！
KPI
客訴顧客的回購率偏低。只要解決客訴，就能提高顧客滿意度。
確實串聯 KSF 和 KPI，才不會白費力氣。只要設定正確，KPI 就是達成目標的可靠指南。

就是把ＫＳＦ和ＫＰＩ確實串聯起來，避免造成無謂的浪費。

設定ＫＳＦ的訣竅就從「機會損失」——基於某些理由而無法推動的工作或無法成交的案件——中尋找。此外，比起行動量，設定ＫＰＩ時更該重視達成目標的效率（見右頁圖）。「不要增加多餘的工作」、「獲得曾錯失的機會」，只要留意這兩點，計畫會更貼近目標。**親自確認曾損失的機會、減少徒勞等，就是主管的成功關鍵。**

08 不論好事壞事，都要鼓勵部屬回報

關鍵字 ➘ ☑ 回饋

為了使部屬更獨立自主，主管要懂得激勵部屬。

希望提高部屬獨立能力時，回饋就是最重要的關鍵。能馬上派上用場的方法，是正面的附加條件，意思是只要採取某些行動，就能獲得好的結果。如此一來，就能增強部屬的執行力。

例如，當成員達成營業目標時，讓團隊其他人給予熱烈的掌聲和祝賀。不過，所謂好的結果，未必一定是物質，也可能是變更某種規定（見左頁圖）。

回饋很簡單，掌聲、稱讚……能馬上激勵部屬

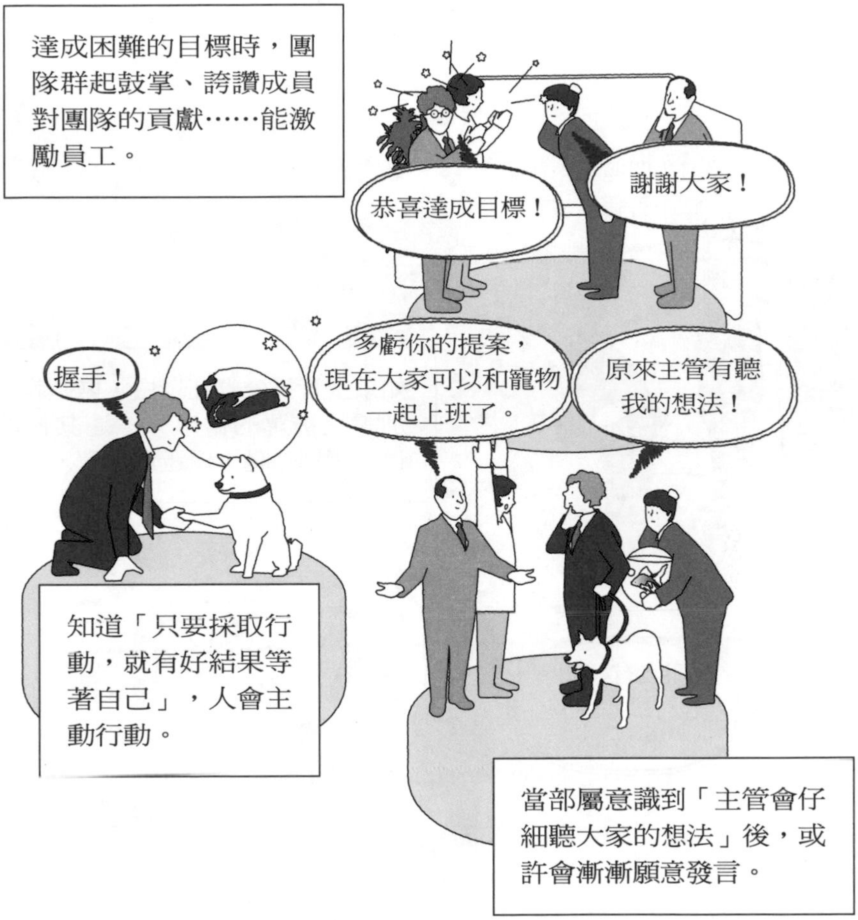
達成困難的目標時，團隊群起鼓掌、誇讚成員對團隊的貢獻……能激勵員工。
恭喜達成目標！
謝謝大家！
握手！
多虧你的提案，現在大家可以和寵物一起上班了。
原來主管有聽我的想法！
知道「只要採取行動，就有好結果等著自己」，人會主動行動。
當部屬意識到「主管會仔細聽大家的想法」後，或許會漸漸願意發言。

老是罵員工，團隊內部資訊就不流通

相反的，有時根據情境，主管可能會給予負面回饋。舉例來說，部屬曾因「提出報告後挨罵」，之後便因害怕而拖延報告的時間，甚至選擇隱瞞。

那麼，該怎麼做才能讓職場充滿開放風氣？答案之一就是，**讓整個團隊保持「不管是什麼報告，只要快速回報，就能得到讚賞」的心態**。首先，主管要提示，「只要採取行動，就會有好結果」，就能使部屬更加獨立。

09

有新方案，先做小實驗

只要有新想法，就透過小實驗來驗證或修正內容。

關鍵字 ↓ ☑ 精實創業

有時工作到一半，腦中會突然浮現出高效率方法或改善的靈感。如果在風氣開放的職場做事，相信有不少部屬會勇於提出想法。

可是，如果某些想法在審查階段被遺忘，團隊成長的機會可能因此被剝奪。這時可以試試美國創業家艾瑞克・萊斯（Eric Ries）提倡的「精實創業」（Lean Startup），意思就是先做實驗。

如下頁、三一三頁圖所示，精實創業的方法分成三個步驟：

1. 如果有不錯的想法，就以該想法為基礎，創建出新的方法，然後在沒有風險的範圍內，進行小實驗。
2. 接著驗證實驗結果。
3. 最後就以那個結果為基礎，透過反覆「實驗」、「中止」、「再實驗」來學習新方法。

如此一來，就能挑戰很難有機會接觸的事物，同時磨練決斷力。**在沒有風險的範圍內反覆嘗試，這種方法非常適合變化急遽的現代社會。**

先小試，然後在小實驗中調整

（按：先看 313 頁，再由下而上看 312 頁。）

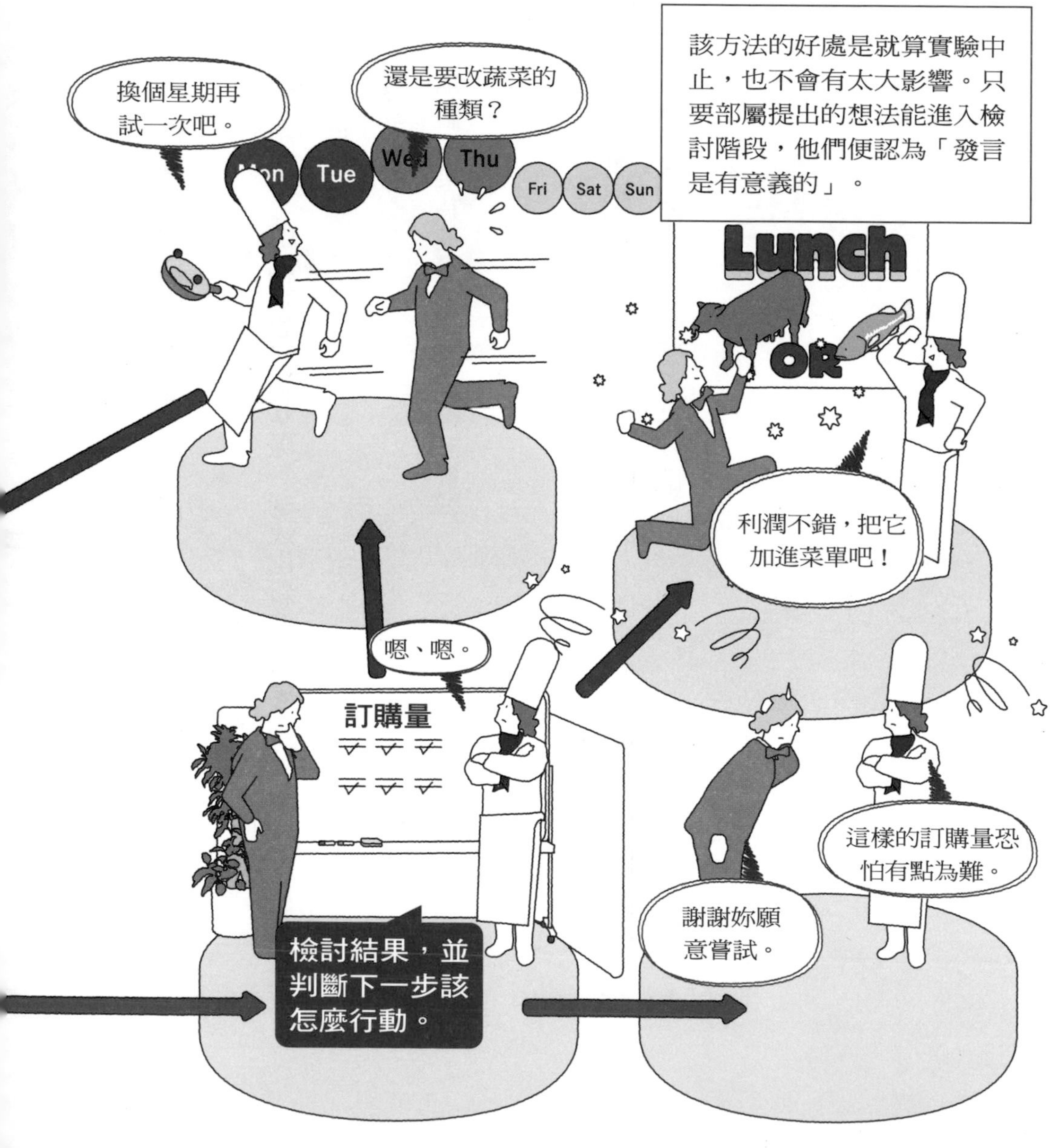

重點

精實創業的原則是，在風險較小的範圍內進行小實驗。優點是「快速且不拖泥帶水的挑戰」。

翻翻就會的管理學

不讓成功變成偶然，提高再現性

達成目標後，大家往往把焦點放在結果本身，不過先別高興得太早。因為之後需要驗證達成目標的再現性有多高。

如果再現性偏低，就代表能達成目標只是偶然，稱不上是真正的成功。反之，再現性高則代表團隊已打造出一條通往成功的道路，就算是不同人來實踐，仍可以毫無問題的實現目標。若想提高再現性，最有效的辦法就是ＰＤＣＡ。

只要重複Ｐ到Ａ的循環，就能改善業務或提高效率。以下是ＰＤＣＡ的實施範例：

Ｐ（計畫）：在本週三前，各自預約十人並提供資料。

D（執行）：暫停生產業務，並以銷售為最優先。

C（驗證）：就今天的達成率來說，平均少四間公司，檢討無法順利做到的主因。

A（改善）：再次確認順利的部分和不順利的部分，針對明天的目標擬定改善對策。

以較短的循環實施PDCA，就能習慣從設定目標至改善方法的一連串流程，培養察覺出執行方法中是否存在浪費或不足的能力。

對於實現再現性較高的目標而言，這種能力非常受用。

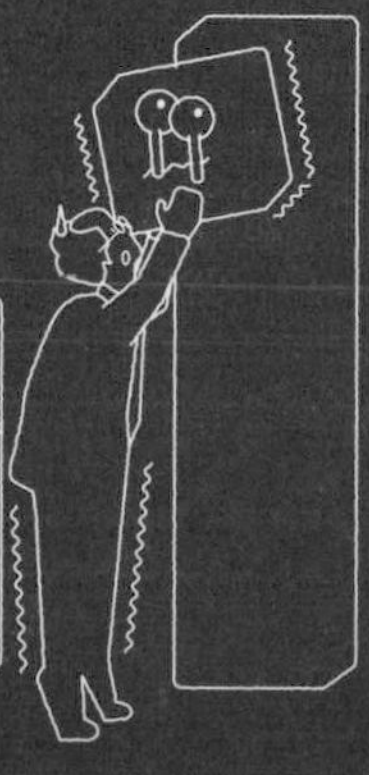

MUST
CAN
WILL

7 LEADERSHIP notes

領導力與風險管理

風險管理也是主管的工作之一。部屬的壓力或心靈變化、職場騷擾等，只要透過有效的方法，就可能防患未然。

01

商業世界沒有絕對

商業世界沒有絕對，經常會發生意想不到的突發狀況或風險。

關鍵字
風險管理

就算擬定明確目標並按照計畫執行，事情未必能完全如自己所願。所以，把意外狀況納入考量，預先備妥應變對策，這是主管應盡的義務之一。思考適當對策時，要按照三個步驟評估風險：考量外在環境的風險、留意內部環境的風險、思考風險發生機率與影響程度，然後制定對策。只要事先做好風險管理，便能安全的邁向目標。

在風險管理中，首先應考慮的外在環境風險有五種，如左頁圖所示，包括：競爭業者

外在環境的風險有5種

新競爭者的威脅
20% OFF
供應業者的交涉能力
競爭業者的動向
顧客的交涉能力
替代品的威脅

潛藏在內部環境的風險有4種

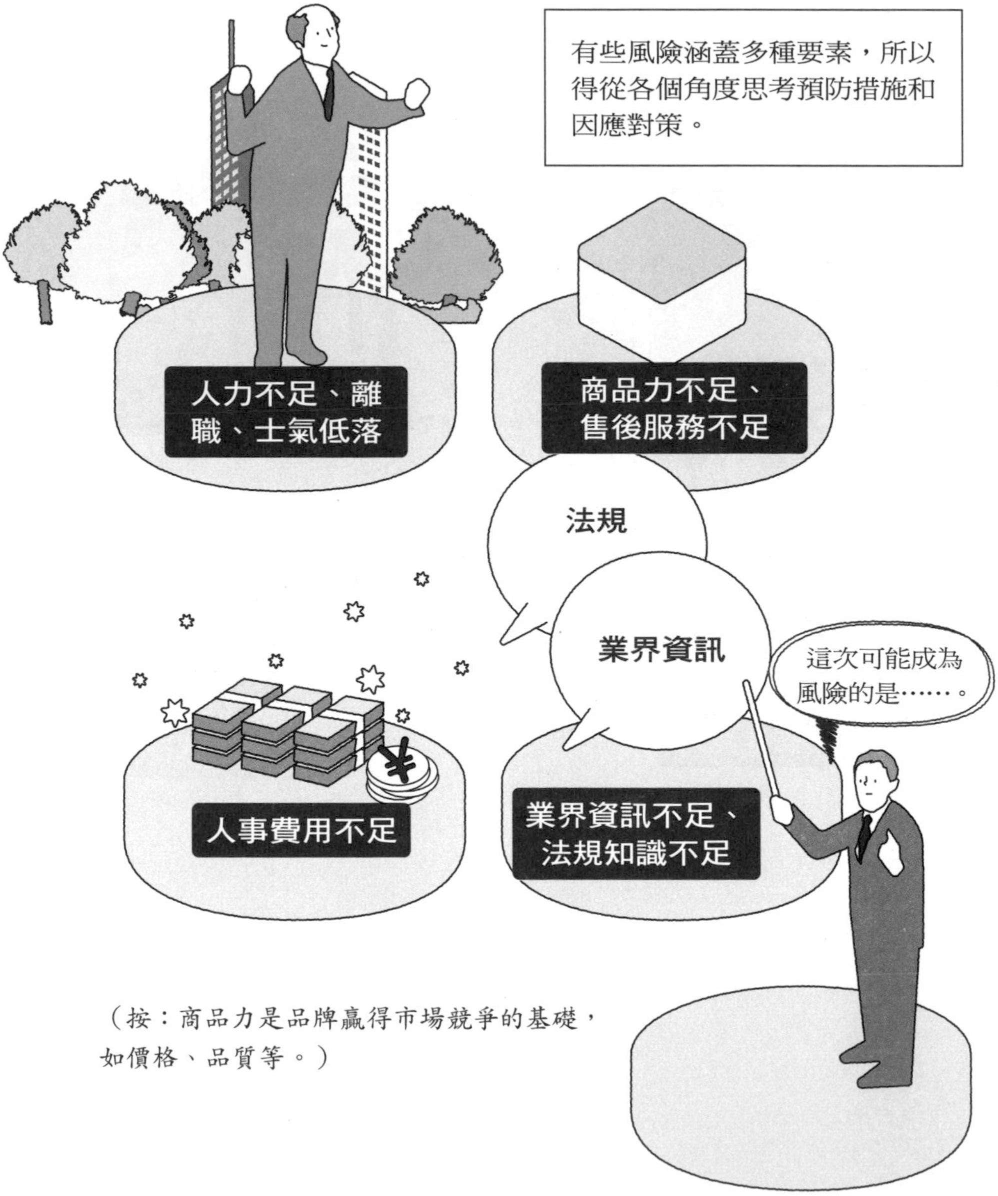
有些風險涵蓋多種要素，所以得從各個角度思考預防措施和因應對策。
人力不足、離職、士氣低落
商品力不足、售後服務不足
法規
業界資訊
這次可能成為風險的是……。
人事費用不足
業界資訊不足、法規知識不足

（按：商品力是品牌贏得市場競爭的基礎，如價格、品質等。）

的動向、新競爭者的威脅、替代品的威脅、顧客的交涉能力、供應業者的交涉能力，這些被稱為「五力分析」（5 Forces）。

接下來要思考內部環境的風險，可依照四種經營資源來分類，如右頁圖所示，分別是人、產品、金錢和資訊。只要能從中找出風險，思考用來因應的預防措施和事後對策，就能在實際發生問題的時候，從容應對。

02

悲觀的計畫，樂觀的行動

關鍵字 ↓ ☑ 悲觀的計畫、樂觀的行動

在商業世界中，未雨綢繆是很重要的觀念。

有些主管會碰到，明明很努力卻毫無成果或業績不穩定的部屬。如果對其置之不理，不僅團隊無法做出穩定的成果，主管也會很疲憊。大部分業績不好的部屬，通常缺乏風險管理的概念。畢竟，商業世界經常發生變化，也常發生意想不到的突發狀況。

正因為如此，團隊成員**必須擬定悲觀且具風險意識的計畫，同時展現不讓自己落後的樂觀行動力**（見左頁圖）。

○○的計畫、○○的行動

樂觀的計畫、悲觀的行動

計畫美好且樂觀，一旦碰到問題，便會猶豫是否應該繼續前進。

悲觀的計畫、樂觀的行動

擬定計畫時，因預測可能發生的風險，已事先備妥多個對策。因此，之後能毫無顧忌的全力衝刺。

「不順利的話……」，促使部屬思考

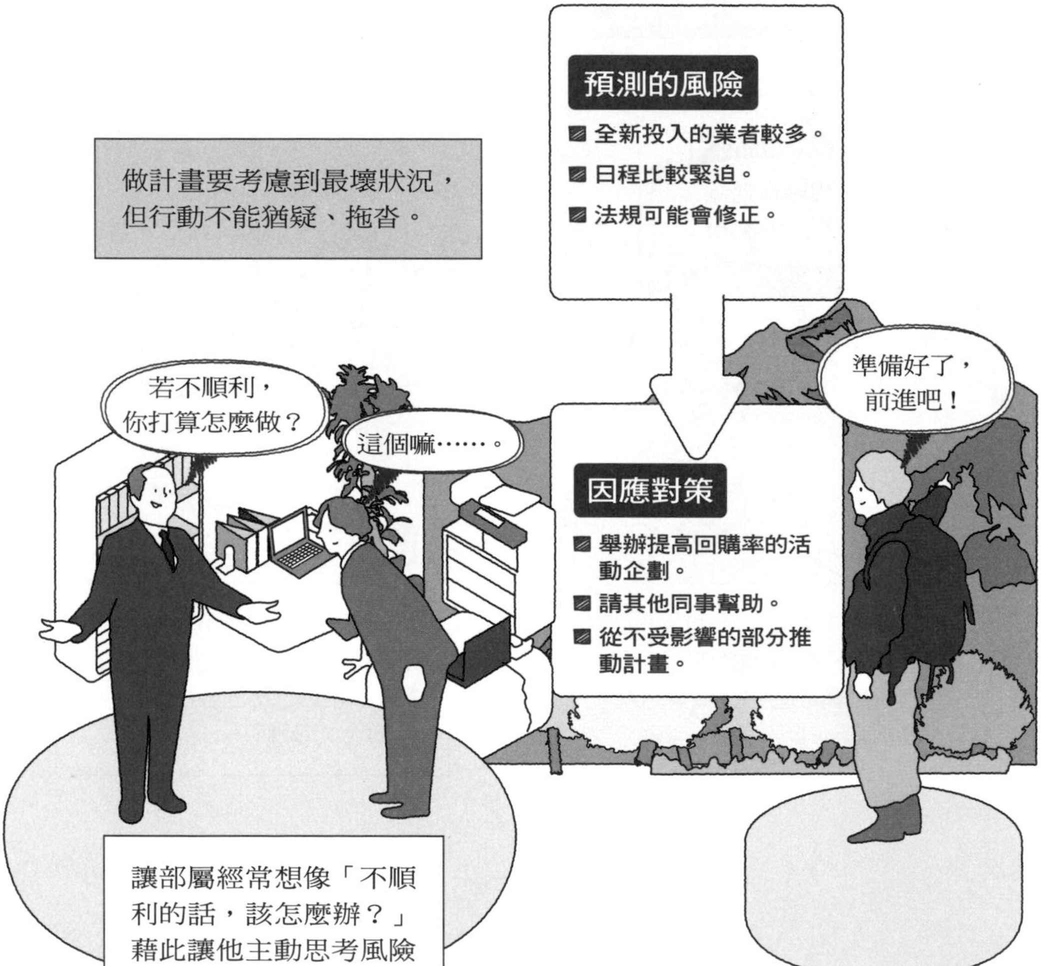
做計畫要考慮到最壞狀況，
但行動不能猶疑、拖沓。
預測的風險
全新投入的業者較多。
日程比較緊迫。
法規可能會修正。
若不順利，
你打算怎麼做？
這個嘛……。
因應對策
舉辦提高回購率的活
動企劃。
請其他同事幫助。
從不受影響的部分推
動計畫。
準備好了，
前進吧！
讓部屬經常想像「不順
利的話，該怎麼辦？」
藉此讓他主動思考風險
和對策。

若想幫部屬培養悲觀計畫的思維，主管得在聆聽時，多向部屬問：「若進展不順利，該怎麼辦？」（見右頁圖）如此一來，部屬便能磨練出「預測風險」和「制定排除風險的預防措施」的能力。

藉由採取適當的風險管理，就能帶著更樂觀的心態展開行動。

03 解決客訴，奧客變回頭客

只要妥善處理客訴，有時能為公司帶來非常驚人的利益。

關鍵字 ☑ 解決客訴

對主管來說，如果完全聽不到半點客訴，就得有所警惕。諮詢公司副總裁約翰・古德曼管理超過千個客戶，他發現對商品感到不滿而提出客訴的顧客，在問題解決後，再次購買公司商品的機率，會比沒有提出客訴的顧客來得更高。也就是說，只要排除不滿，對客服感到滿足的顧客，會比其他人更容易成為回頭客（見左頁圖）。

可以說，對客訴心聲視而不見，等於即將失去顧客。

會客訴的人比不會客訴的人，更容易回購

試試其他商品吧！
那款商品到底是怎樣？
幸好有跟你們反映。
大部分的顧客對商品不滿時，會選擇沉默，改用其他商品。
約有 4％顧客會在感到不滿時，向公司客訴。
不過，只要消除不滿，該顧客成為回頭客的機率會比會他人更高。

重點

現代，越來越多人把顧客的奧客行為，稱為顧客騷擾（Customer harassment），但是不能把所有客訴都當成騷擾。

注意蒐集「不」的客訴

這臺電腦
好難用。
客服窗口非常
沒禮貌。
不知道耐
不耐用。
請蒐集顧客的
「不」。

主管要告訴部屬，不管收到什麼訊息，都要馬上回報。此外，當主管收到報告後，不要對部屬施加不必要的壓力。

這時要做的就是蒐集顧客的「不」（見右頁圖）。主管須向部屬確認，顧客是否曾把「不滿」、「不安」，或是「不便」掛在嘴邊。一旦發現，就要想出對策來消除「不」。

當然，為了取得明確的報告，主管和部屬之間的信賴關係也非常重要。為了讓團隊每個人接收顧客的「不」，並解決問題，記得和團隊共享資訊。

04 打造一個部屬無法搞鬼的環境

關鍵字 善意的提點、預兆

當上級發現弊端卻沒有積極處理，就算只有一次，仍然會演變成極為嚴重的事態。

相信部屬並把工作權全交給對方，很重要。但與此同時，主管必須了解，不論是多麼認真負責的人，仍可能不敵誘惑而做出錯誤選擇（見左頁圖）。

一旦部屬真的做出踰矩行為，就算為主管出面，也未必能順利袒護部屬。若要防止弊端，其實只要打造一個部屬無法搞鬼的環境就行了。而主管能做的就是「善意的提點」和察覺「預兆」。

每個人都可能出現越線行動

距離達標還
差一點。
作弊也
沒關係吧！
目標
萬一事態變嚴重，即
便主管出面，也未必
能保住部屬。
任何人都可能因不
敵誘惑而做出錯誤
決定。

重點

只要部屬獨處時間開始變多或行動突然變得怪異，主管就要有所警惕。

善意提醒部屬

原來主管一直在注意我。
你最近一直加班，有碰到什麼問題嗎？
其實我很怕沒辦法達標。
我們一起想辦法吧！
部屬主動尋求協助，主管要陪他一起思考對策。
主管用擔心的態度確認當前事態，能讓部屬發現主管一直在觀察自己，對方自然不會做出錯誤的選擇。
CHIPS
提高效率就有更多時間了。
我想要有多一點時間。

弊端發生之前，部屬的行為必定會出現某些預兆。主管必須及早確認，以免錯過任何情況變化。

只要多給部屬「善意的提點」（見右頁圖），例如，以關心的態度詢問對方目前工作情況，成員們便能知道主管隨時關注自己。如此一來，不僅能避免部屬做出不當行動，還能帶給對方安心感，留下時刻關心周遭的貼心印象。

05

「第一報」決定突發事件的命運

關鍵字 ↓ ☑三步驟報告

為了防止發生突發狀況時，事態越演越烈，主管平時就要讓團隊養成習慣，一發生事情就迅速報告。

發生緊急狀況時，報告應先考量的是速度，而非正確性。因為其中或許有當事者無法掌握的問題，就算解決表面上的問題，檯面下的情況也可能正在惡化。所以，當事者以為已掌握事件全貌，並認為「這樣就沒問題」時，實際情況可能更糟。因此，若有壞消息，更該快點告訴其他人（見左頁圖）。

兼顧速度和正確性的方法之一是「三步驟報告」：第一報、第二報、第三報，也就是

還沒察覺突發狀況之前……

如果報告的速度太慢，事態可能發展成無法挽回的局面。

我本想
等了解全貌後，
再報告！
為什麼不早
點跟我說？
等結束後，再報告。

不能等解決或掌握全貌後再向主管報告，只要有問題，就應迅速行動。

重點

值得注意的是，人一旦對工作自豪或有某程度的理解時，往往試圖獨自解決問題。

3步驟報告加快報告速度

把突發狀況的事態分成三次報告（見右頁圖）。

第一報要盡可能的快速報告。就算誤報也沒關係，只要之後透過第二報、第三報修正就可以了。**「就算是誤報也無所謂，正因為是壞消息，才更應該以最快的速度傳達」**。打造一個不隱匿壞消息、隨時報告的職場環境，是重要關鍵。

06

不管教多少次，依然重複犯錯？

關鍵字 ➘ ☑ 輸入錯誤、傳輸錯誤、輸出錯誤

不管教多少次，有些部屬依然重複犯錯。只要透過三個原因進行分析，就可以從根本上解決問題。

不管怎麼教，部屬都沒辦法掌握工作訣竅、老是犯錯，即使如此，主管千萬不要放棄，而是透過其他方式，力求改善。事實上，**部屬犯錯的根本原因，主要在於他們的「輸入」、「傳輸」、「輸出」任一階段發生錯誤（Bug）**。

為了找出部屬在哪個階段出差錯，首先讓部屬複誦自己要做的事，以此簡單分析發生在部屬身上的問題（見三四〇頁、三四一頁圖）。

- 輸入錯誤：要求部屬複誦要做的事，如果內容有遺漏，代表部屬聽過就忘。
- 傳輸錯誤：若內容出現沒說過的事或意思扭曲，則表示解讀出現差異。
- 輸出錯誤：若複誦正確，卻無法順利完成，可能是知道卻辦不到。

只要能確定部屬犯了哪種錯，就能快速找到解決辦法，預防發生嚴重問題。

3個錯誤分析，部屬不再犯相同錯

②　③

當部屬出錯時，主管不要只顧著解決眼前的問題，應該積極找出對方為何犯錯的主因，才能有效預防今後的失誤。

當輸入出錯時，表示遺漏某些必要資訊。為了避免出現這種狀況，用筆記本記錄細節，是不錯的解決方法。

①

07

管工作，也管員工的心理

關鍵字 ↓ ☑ 心理檢查、增加對話的頻率、擺脫刻板想法

若主管過於努力且只考慮自己的步調，就會消磨部屬的心靈。

在現代社會中，部屬的心理狀態也是主管無法避免的問題之一。在部屬出現心理疾病之前，主管有一件事可以做：**提高與部屬對話的頻率，同時站在部屬的立場思考事物，帶著「那也是有可能」的同理心行動**。不論部屬內心多脆弱，只要仔細教導，他們仍可以帶來不錯的成果。

如左頁圖，很多時候，主管對工作的態度越認真，越只能看到眼前景色，於是忽略心

主管的衝勁讓部屬感到疲累

如果忽略日常對話，主管就無法了解部屬承受的壓力，及壓力形成的原因。

若主管太過努力，只考慮到自己的步調，會讓部屬疲憊不堪、累積壓力。

重點

我們必須了解，不是只有心靈脆弱的人會罹患心理疾病，所有人都可能陷入這種狀態。

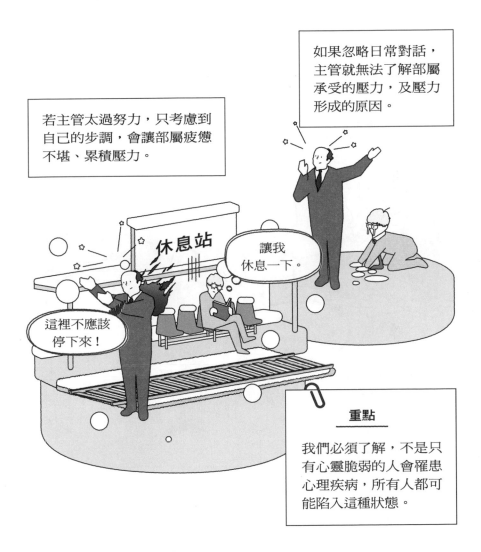

帶著同理心，隨時留意部屬的心理狀態

我的狗剛過世……。
對他來說，狗就是家人，真令人傷心。
只要主管理解部屬的想法，就能掌握對方的心理狀態。
雖然每次只做一點，但累積下來就會很多。
照著你的步調就行了。
每個人的學習速度不同。管理員工時，主管須帶著同理心，留意對方的步調。

靈已被消磨殆盡的部屬。正因為如此，主管必須不斷和部屬對話，確認部屬的心理狀態（見右頁圖）。

此外，主管下決策時，不能用個人標準來判斷團隊該怎麼行動，並自認一切都是「應該要……」。主管也得站在部屬的立場思考，帶著「那也是有可能」的同理心，才能更加理解他們的感受。

08

指令過於詳細，部屬就會沒動力

關鍵字 ➘ 微觀管理

為了防止發生「原本打算幫助部屬，卻剝奪他們的成長機會」，要避免微觀管理。

微觀管理，是指主管對部屬下達的指令太過詳細。這種管理方式會過度干涉部屬的工作，使部屬喪失挑戰精神（見左頁圖）。另外，主管的責任感越強烈，越容易陷入這種狀態，進而奪走部屬的成長機會。為避免發生這種情況，**主管必須把責任感放在部屬的成長上，而不是看當前工作是否達標。**

為了讓部屬成長，讓部屬自己做決定顯得更為重要。若事先給予詳細指令的工作，就

微觀管理，主管累了部屬還是不懂思考

①
資料要在明天下班前做好。若能放些插畫，會更好懂。
好！我知道了。
②
主管說要加上插畫。
③
只要照做就好！主管的指示很明確，真輕鬆。
如果指示太過詳細，部屬就不會思考。就算失誤或沒達成目標，他們也不會反省。進而喪失挑戰的意願，失去累積成功體驗的機會。

凡事自己決定，才會獲得能力

主管把工作交給部屬時，透過問：「你打算怎麼做？」讓對方自行決定工作方式，這是讓部屬成長的重要關鍵。就算他因此失敗，主管可提點部屬活用這份經驗，改善下次的行動。

算沒有達成目標，部屬也會因為「反正我是照指令做……」而不思反省，這麼一來，他們自然不會成長。

反之，**若能自行決定怎麼處理，部屬自然會產生「靠自己達成目標」的責任感**。就算因此發生些許失誤，仍可以運用下一次的機會克服障礙，透過每次的經驗累積，讓自身能力有所提升（見右頁圖）。

09 無心一句話竟成了職場騷擾

關鍵字
☑職場騷擾

不管做什麼事，都可能演變成職場騷擾。一句不經意的話語或關心，有時反而會傷害到某人。

職場騷擾是指擁有權勢的人，其言行舉止傷害對方的尊嚴。不過什麼程度才稱得上是職場騷擾，基本上沒有具體的界線，因此，幾乎沒人知道該怎麼注意（見左頁圖）。

對主管而言，職場騷擾有可能導致自己丟了工作，畢竟主管一職，就代表擁有某些權力，正因如此，主管更需要隨時注意自身言行是否有不當之處。

主管對自己做出最嚴格的職場騷擾規範，絕對沒有壞處。盡可能避免接觸姓名、出生

你可能在不知不覺中做出職場騷擾

主管有時出於體貼而說的話語，可能讓聽者感到不適，進而被冠上職場騷擾罪名。所以，主管要經常回顧自己平時的言行是否不妥。

①
是……。
畢竟妳是女孩子，所以不要太逞強。
②
我很想挑戰，卻因為性別而失去機會。

應該注意的話題

每個人不想談的話題都不同，重要的是盡量避免對方不願談的內容。
性別差異
年齡
婚姻
竟有這麼多。
國籍
家庭環境
出身地
宗教
拋棄舊俗，也是很重要的騷擾對策。如捨棄「聚餐第 1 杯酒應該喝啤酒」等過時觀念。
第1杯要喝啤酒才對。

（按：據說日本在經濟發展期，公司為了讓員工們同心，所以聚餐時都會乾第一杯。而啤酒能最快送上餐桌，所以為了快點乾杯，點啤酒逐漸成為不成文的禮儀。）

地、家庭環境、婚姻等私人話題（見右頁圖）。

或許有人認為這樣就沒辦法好好的聊天，不過，其實只要建構信賴關係，就算沒有這些話題，彼此仍可以輕鬆閒聊。重點在於，只要提到對方不願意談論的事，不要強迫對方回答，而是適時轉變話題。

10 找出部屬的壓力源

……想消除部屬的壓力，主管要先了解他的思考模式。

關鍵字 ↓ ☑壓力因應策略

即便人們面對相同的事物，仍會因看法不同，導致內心不同程度的壓力（見左頁圖）。而「壓力因應策略」是一種把看待事物的角度，引導至正向看法的認知行動療法，主要是用來舒緩心理壓力。

運用壓力因應策略時，**要先了解部屬的思考模式，再透過提問讓對方察覺自己的想法**，藉此開拓對方的視野，來消除其壓力。

壓力高低，取決於你怎麼看待事情

挨罵時，有人會說：「我下次再努力！」有人會沮喪的想：「我果然不行。」
看待事物的方式，會影響人產生多少壓力。了解自己對事物的看法，就是消除壓力的第一步。

6種思考模式

容易煩躁
不善變通
主管要確認部屬的思考模式是哪種，之後透過提問來改變部屬的看法。
容易沮喪
想法消極
容易後悔
什麼事都跟自己聯想在一起
經常陷入不安
猶豫不定
過度逞強
堅持完美
過度解讀想法
總是往壞處解讀

壓力因應策略將思考模式分六種（見右頁圖），每種思考模式都有不同的矯正重點。

例如，面對不善變通的人，只要透過「真的只有那種方法嗎？」、「真正的問題點在哪裡？」這一類提問，讓對方察覺自己的視野狹隘，進而發現自己因偏見而沒察覺到的想法，如此一來，部屬的思考模式就能逐漸變得正向，不容易產生壓力。

11

部屬提離職，不用慰留

關鍵字 ↓ ☑ 利用問題讓人接受現況

當部屬提出部門調動或辭職時，很多主管會先試著慰留對方，但在慰留之前，更重要的是充分理解對方的想法。

部屬提出部門調動或辭職的請求，對主管來說是無可避免的事情。提出請求的人往往是因職涯規畫或有想做的事，而選擇離開。如果努力說服對方留下來，部屬反而會更堅定的認為「這裡已經沒有想做的事」、「就算持續下去也毫無意義」（見左頁圖）。這樣一來，就算再怎麼慰留，終究只是徒勞。

其實，最重要的**不是說服，而是讓對方「理解」**（見三六〇頁圖）。

馬上慰留提離職的部屬，是反效果

是嗎？
但就算留任，我還是沒有想做的事。
等你升上業務主管，再轉調比較好。

主管的慰留態度若太強硬，反而會讓對方認為「主管根本不了解我想做什麼」。

主管慰留前，需要理解部屬

只要主管透過提問，讓部屬重新檢視自己的現況或技能，就可以讓對方放棄轉調或離職。

當部屬找主管諮詢時，主管應先當好聽眾，透過提問，了解部屬對調職、離職的認真程度以及對方真正想做的事，再整理對方目前需要改善或加強的部分。藉由反覆詢問，幫部屬自己找出自身問題，進而察覺到自己當下並非只有調職或離職等選擇。

人不會因為誰告訴自己該怎麼做而馬上接受意見，只有在察覺到問題或狀況後，才接受現況，並重新思考「為了自己想做的事，試著在現在的位置再多努力一下！」

翻翻就會的管理學

問五次為什麼，失敗原因自動浮出來

大部分的人都有過「不想失敗」的念頭。

可是，失敗是通往成功的必備條件。最重要的不是逃避失敗，而是從中學習。如果目光只放在失敗（結果）上，永遠不可能成功。從失敗中學習，就是指把無法做好的事物，看作促使自己成長的糧食。

為避免在同個地方受挫，最重要的是掌握原因並加以改善。這時可派上用場的方法是「重複問五次為什麼」。這是豐田汽車（Toyota）相當有名的工作術，做法非常簡單，就是在失敗時重複問五次「為什麼會產生這樣的結果？」藉此揪出發生問題的主要原因。

反覆詢問的過程中，我們可能會發現是因方法或狀況出現問題，而不是行動出錯。這時，只要之後提出明確的改善對策並實踐就好了。

透過這種方式，失敗會變得更有意義。

雖然說了這麼多，但還是有人害怕失敗：「萬一狀況變得更糟，該怎麼辦？」我建議這類人可以實際算看看演變至那種狀況的機率有多少，相信算出來的機率會非常低。

MUST
CAN
WILL

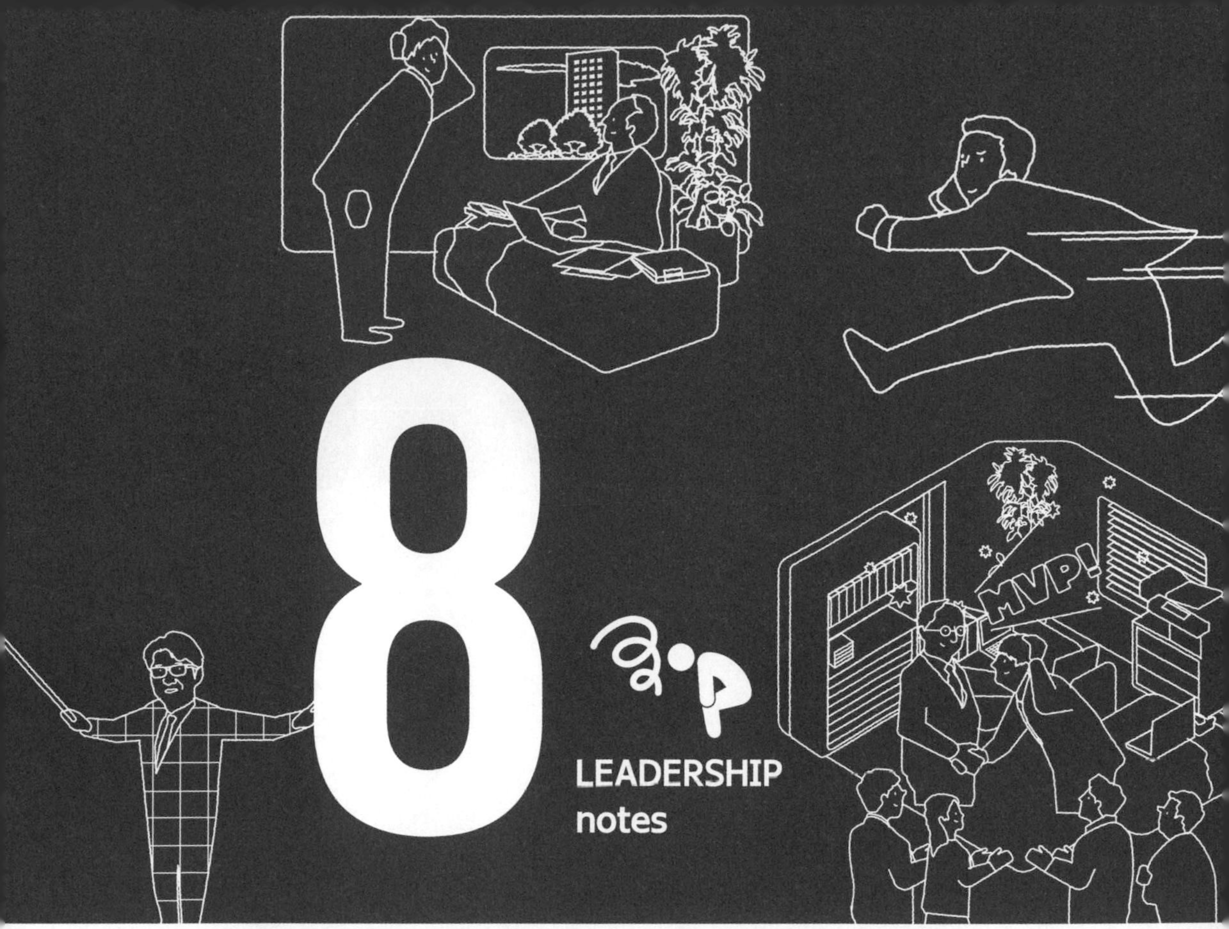

獻給過度努力的你（妳）

成為主管後，會與部屬產生距離感，也因背負重責大任，而承受不能失敗的壓力，還會出現各種煩惱。

01 不講理與不合理，都不再概括承受

關鍵字 ➘ ☑不講理、不合理

突然被調職、調派，或被嚴苛狀況窮追猛打……那種痛苦狀況就是促使主管成長的強大考驗。

以主管身分工作時，你有時可能會陷入某種力不從心的無奈窘境。例如，突然被調去自己不想去的部門，或是客戶提出無理要求等，因外在原因而導致現況改變。「為什麼是我？」這時的你或許很想逃離一切，但**克服那種不講理狀況，對於主管的成長來說非常重要**（見左頁圖）。

儘管很沮喪，卻仍賣力拚搏的經驗，會成為日後的無價之寶。另外，如果部屬之後碰

上級不講理的指令，藏有讓中階主管成長的線索

不講理和不合理的差異

不講理

自己明明沒有做錯事，卻因為各種外在因素，使自己陷入不利狀況。

不合理

儘管自己沒做錯事，卻必須承擔責任或遭受不公平對待等有損個人尊嚴的事情。

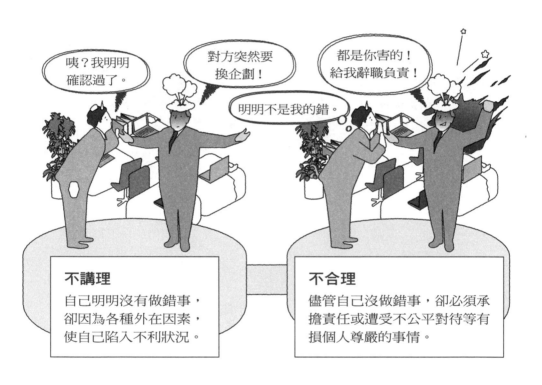

到相同狀況時，主管便能從旁給予協助。這種經驗是提高領導力的大好機會。

另一方面，不合理的事情不需要概括承受。這裡指的是明明自己沒有犯錯卻被指控有罪等，有損個人尊嚴的情況（見右頁圖）。

02

孤獨，主管必經之路

……不論是誰，在剛當主管時，都經常對環境的變化感到困惑。

關鍵字 ↓ ☑ 孤獨、改變角度

很多人成為主管後，能明顯感受到壓力和責任感變重，除了必須靠自己解決問題，與上級和部屬的相處模式也有改變，很多人因這樣的變化而感到孤獨（見左頁圖）。事實上，這是任何人都必須歷經的過程。

如果想要通過這項試煉，進一步獲得領導力，**最重要的是改變看待事物的角度，而不是僅僅對孤獨感到悲觀。**

主管感到孤獨是理所當然的

3個重點，主管不再感到孤獨

（按：自我正當化，是指相信自己是正確的，而事情不順利都是別人或其他事情所導致的。）

如右頁圖所示，主管不再感到孤獨的重點有三種：

1. 不去想自己是否適合當主管。
2. 要有長遠的眼光。
3. 試著改變自己的行動。

才剛成為主管，當然沒辦法瞬間立下戰績。用更長遠的目光看待工作，才是成長的關鍵。另一方面，把不順遂的事情歸咎於某些原因，並認為「這是無可奈何的事」，是非常危險的想法。**重要的是，要隨時抱著「該怎麼做才能讓工作更順利」的心態。**

03

多與工作環境不同的人交流

關鍵字 ↓ ☑ 網路、各種不同的價值觀

……如果主管想消除孤獨感和不安，要盡可能接觸他人。

有人批評日本企業的結構是「村社會」——意思是職務序列明確，拒絕接納新風氣。其實，連接外界的網路被切斷，就是進一步助長孤獨感的原因之一（見左頁圖）。另外，如果主管對自身能力缺乏自信，也會產生不利的影響。甚至，**在那種環境下感受的壓力，很可能讓主管做出不合理判斷。**

為避免陷入這種狀態，要盡可能接觸其他人。如三七六頁圖，**與工作環境完全不同的**

封閉空間助長主管的孤獨感

如果工作時不與外界接觸，沒有能分享煩惱，主管會更加孤獨。

主管需要隨時接觸各種價值觀

接觸更多人，就能聽
見不同的意見。

人交流，可以吸收到不同的價值觀，這麼一來，自然能消除身為主管的孤獨感與不安。

如果要勝任主管這個壓力重的職位，最重要的關鍵就是抱持寬廣的視野，然後以平靜的心態去面對工作。

04

短時間吸收他人經驗的最快方法

關鍵字 ↓ ☑ 提示、資訊、選取

書充滿各種人累積的知識和經驗。換句話說，讀書是一種解決個人問題的手段。

主管若要解決工作碰到的煩惱，可以從書中找答案。因為書裡藏有許多自己想不到的想法，甚至能讓人在短時間內挖掘到重要提示。**只要數小時就能獲得想要的資訊**。

就像醫師針對症狀開處方箋，你也可從書中找到解答（見左頁圖、三八〇頁圖）。例如，當你開始膽怯，可讀經營者撰寫的書來獲得勇氣；需要尋找推動業務的靈感時，可看行銷書實現方法……吸取他人歷經多年所獲得的經驗或知識，便能進一步提升自己。

書，是商業人士解決問題的手段之一

（接下頁）

花一些時間找出
需要的資訊。
嗯。
若找到適合自己的書，
就放在手邊，
以便隨時取閱。
我的書櫃
了解！
怎麼做才不會被
壓力打敗？
書能幫人
解決問題。
原來如此！
用有趣的
靈感來
戰勝壓力
這次的企劃毫無
靈感……。
挑選符合自己
需求的書。

05

對上有壓力，對下沒退路，怎麼辦？

關鍵字→☑上達性、整合性

主管總是夾在上級和部屬之間。面對各種不同意見的時候，應該怎麼做才好？

面對上級意向和部屬意見，中階主管經常感到為難，可以說成為夾心餅的情況並不少見。有兩個方法可以緩解這種情況。

第一種方法是上達性，意思是「主管向上級呈報」（見下頁圖）。推動工作時，有時自己和上級的判斷分歧。這時，最重要的是確實的交換意見，不要猶豫。把自己的意見與事實分開，有邏輯的溝通。

上達性，主管對上級呈報

①
部長，關於這次的專案。
你按照之前的做法就可以了。
②
我認為改變做法比較好。
?
為什麼？
③
我觀察景氣動向後，發現顧客需求變了。
原來如此。
④
就照你說的做吧！
謝謝！

另一個是整合性，意指「讓公司的意向和自己部門的意向一致」。主管必須向部屬確實傳達公司的目標（見下頁圖）。

這時確保整合性的兩個關鍵，是把「我們」當成主詞來表達訊息，以及簡潔傳達公司的意向，不參雜個人意見。要記住的是，不能忘記向上級報告現場狀況。確實的傳達意見，告知努力之後是否有實現的可能。

整合公司和部門的意向

① 向部屬傳達

OK
根據公司的方針，我們要做〇〇。
知道了。
簡單易懂。
NG
雖然我不贊同，但這是公司的決定。
完全提不起勁。
好難懂。
這個主管不可靠。

OK：把公司的意向傳達給部屬時，不要參雜個人情感，傳達事實即可，把主詞換成「我們」，效果會更好。

NG：主管露出不滿，或把工作全拋給部屬，會導致整個團隊士氣下降。

② 向上司傳達

OK
部長，以目前的狀況來說，預估半年後可以達成目標。
好，我知道。
NG
我們會想辦法處理，請放心！
真的沒問題嗎？

OK：用具體數字傳達訊息、報告狀況。

NG：如果沒辦法提供正確資訊給主管，團隊和公司的想法會越差越多。

06 主管的風險：萬一哪天被降職……

關鍵字 → 對角色的認知

……「萬一被降職該怎麼辦……。」主管不能放任這樣的不安。

在公司裡，隨著職務的不斷晉升，或許有些人難免會產生「不知道哪天會被降職」的不安。對主管身分缺乏自信的人經常為此煩惱。可是，公司是個組織，所以基於營運狀況或景氣、人數等各種理由而變動職務（見下頁圖），是相當常見的事。也就是說，「降職或升遷就只是單純的事件」，千萬不能用它來判定自己的能力優劣。

公司的職務代表的是角色。不是身分（見三八七頁圖）。身為主管，比起堅守自己的

降職，不等於能力不足

公司是個組織，所以每個人的職位會受到社會情勢或公司內部狀況影響。

對主管一職的看法，影響判斷

職務，更重要的是，隨時專注做自己該做的事情。如此才能學會在公司以外的場所也能通用的技能。

總是帶著不安和害怕做事，沒辦法贏得周遭的信賴。總之，徹底扮演好自己的角色，自然能通往成功。

翻翻就會的管理學

覺得非常不順時，起來走一走

相信大多數人都想過，「不管做什麼事都不順利」。其實，有一些方法可以擺脫這種狀態。

第一個方法，理解「做什麼都不順」某方面來說是常態。

舉例來說，我們總是面對各種不同的困境，像是新冠疫情、泡沫經濟或者是雷曼事件（按：二〇〇八年，美國第四大投資銀行雷曼兄弟因投資失利，在談判收購失敗後申請破產保護，進而引發金融海嘯）等，綜觀人類的發展，這些困難沒有比較特殊，反而該說是常態。因此，當事情不順利時先別焦慮，也不要一味的認定只要認真、努力，事情總有辦法解決，而逼迫自己繼續做下去。最重要的是接受事實，如此一來，就可以防止自己把狀況想像得太嚴重，心情自然就能放鬆。

第二個方法是機緣（Serendipity），意思是偶然獲得意想不到的好運。若要獲得機緣，就必須①持續思考解決方法、②重視與人之間的交流、③馬上實踐想到的事。只要隨時注意這三點，就算碰到不順遂的情況，還是能從中找到突破窘境的契機。隨時豎起天線，觀察一些瑣碎小事也很重要。

順帶一提，據說走路可以提高創造力，所以光是散步，有時也能打破不順利的狀況。當你不知道該怎麼做或想不到靈感時，就先走一走吧！或許就能找到突破窘境的線索。

結語
改變領導風格，帶人問題自動消失

領導理論總是隨著社會不斷變化。而本書介紹的交辦技術，是一種重視個人獨特性，以團隊形式共同成長的管理方法。我希望大家記住的是，主管本身也是需要受到尊重的團隊成員之一。

我原本是個害羞、不擅長在人前表現自己的人，因此，被任命為主管時，我相當的不安，只能不斷的試錯。最後我得出的結論是，主管不需要完美，畢竟只要是人，都可能會犯錯。所以，當事情不如預期時，千萬不要看輕自己。而是照著自己的步調，建立一個重

視自己和個人風格的領導者風範。

就算你透過本書學會如何下指令，也很難瞬間改變一切；若職場氛圍突然轉變，也會讓部屬們困惑。這時你可以親自操作本書所提到的「小實驗」（見三一〇頁）。部屬們會看到主管為了團隊，而試著努力改變的認真態度。當你試圖改善，挑戰事物獲得成果時，肯定能增加自信。

若你將來再度為了如何當主管而煩惱，請務必再次翻閱本書。經過一段時間後，或許你能從書中找到新發現，也可能因此產生全新的管理團隊靈感。

最後，非常感謝各位讀到最後。如果透過本書獲得的交辦知識，能幫助到你以及你周遭的人，我會非常的榮幸。

國家圖書館出版品預行編目（CIP）資料

翻翻就會的管理學：新人頻出錯、老鳥叫不動，你需要最強交辦技術。／伊庭正康監修；羅淑慧譯 . -- 初版 . -- 臺北市：大是文化有限公司 , 2023.10
400 面；17×23 公分 .
譯自：最短で目標達成できる最強のマネジメント術：任せるリーダーシップ見るだけノート
ISBN 978-626-7328-88-0（平裝）

1. CST：領導者　2. CST：組織管理　3. CST：職場成功法

494.2　112013635

Biz 439

翻翻就會的管理學

新人頻出錯、老鳥叫不動，你需要最強交辦技術。

監 修 者／伊庭正康
譯　　者／羅淑慧
責任編輯／陳竑悳
校對編輯／連珮祺
美術編輯／林彥君
副總編輯／顏惠君
總 編 輯／吳依瑋
發 行 人／徐仲秋
會計助理／李秀娟
會　　計／許鳳雪
版權主任／劉宗德
版權經理／郝麗珍
行銷企劃／徐千晴
業務專員／馬絮盈、留婉茹、邱宜婷
業務經理／林裕安
總 經 理／陳絜吾

出 版 者／大是文化有限公司
臺北市衡陽路 7 號 8 樓
編輯部電話：（02）23757911
購書相關資訊請洽：（02）23757911 分機 122
24 小時讀者服務傳真：（02）23756999
讀者服務 E-mail：dscsms28@gmail.com
郵政劃撥帳號／ 19983366 戶名／大是文化有限公司

香港發行／豐達出版發行有限公司
Rich Publishing & Distribution Ltd
香港柴灣永泰道 70 號柴灣工業城第 2 期 1805 室
Unit 1805, Ph.2, Chai Wan Ind City, 70 Wing Tai Rd, Chai Wan, Hong Kong
Tel：21726513　Fax：21724355
E-mail：cary@subseasy.com.hk
法律顧問／永然聯合法律事務所

封面設計／孫永芳
內頁排版／邱介惠
印　　刷／韋懋實業有限公司
出版日期／2023年10月初版
定　　價／新臺幣 490 元
I S B N／ 978-626-7328-88-0
電子書 ISBN ／ 9786267328965（PDF）
9786267328972（EPUB）